U0025004

時尚精品・拉糖盤飾

顏毓賢 著

目　錄

拉糖盤飾精品製作 Step by step

基礎實用篇 12

創意變化篇 20

精緻藝品篇 50

時尚精品・拉糖盤飾

一、何謂拉糖工藝

以砂糖、糖醇為原料，借助於拉糖工具，運用拉、吹、拔、黏等手法，製成可食用，又可欣賞的花、水果、動物等等各式拉糖藝品。

二、拉糖的特點

熬好的糖漿呈液體狀，待降溫至80℃～70℃成糖體時，便可拉伸，經數次的拉伸，糖體表面接觸空氣，會變得發光、發亮，產生如金屬般，或綢緞般的耀眼奪目，而且拉得越薄越細，光亮度越好，而沒經過拉伸直接將流糖倒入模具塑型的糖，出模後將如水晶般透明晶瑩。

三、拉糖的用途

拉糖在現在的餐飲業比較流行，它的用途主要有三個方面：

（一）用於裝飾蛋糕、西點，這也是拉糖技術最原始的應用方式之一。

（二）用於展台，以一種獨立的方式擺放於餐桌、展櫃、櫥窗等地方。

（三）用於裝飾菜餚，作圍邊盤飾，這技術在餐飲業被新近開發出來的一種應用方式，也是現在最流行、最主流的一種應用方式。

四、拉糖的原料

製作拉糖的原料有：砂糖、冰糖、糖醇，選其中一種即可。

砂糖、冰糖屬蔗糖（由一個葡萄糖分子和一個果糖分子組成化學上叫雙糖）。葡萄糖和果糖結合成蔗糖時，醛基和酮基的特性都完全喪失，所以蔗糖無還原作用，但是在水解（蔗糖＋水）溶液，氫離子或轉化酶的作用下，水解為等量的葡萄糖與果糖的混合物稱為轉化糖，具有還原性。再添加適量的糖漿（澱粉糖漿）具有抗結晶，以改善蔗糖的組織狀態，同時提高糖體黏度，阻止或延緩糖體返砂，延長貯存期。但此種熬糖原料，只適合在溫度22℃～26℃，相對濕度50℃以下製作。（在台灣只適合冬天製作）又因熬糖出來的糖糰偏黃，糖糰的特性不穩定。

熬糖配方：

（1）1000g特砂＋水270cc.＋麥芽糖350g（120℃時加入）＋5滴酒石酸，熬煮至160℃。
（2）1000g特砂＋水350cc.＋葡萄糖漿150g（120℃時加入）＋6滴酒石酸，熬煮至160℃。
（3）雪碧熬糖：1000g特砂＋雪碧汽水100cc.＋水250cc.熬煮至160℃。

德國進口糖醇愛素糖（ISOMALT）的甜度較低，其甜度是蔗糖的1/2，在西點領域中被廣泛使用，能長時間保持乾、脆，在拉糖製作中，全世界有75%以上的人使用糖醇，將糖醇熬煮到160℃以上時，糖體內的水份能降到3%以下，具有超強的抗吸濕性，環境溼度70%以下皆可製作拉糖，保存良好，成品可延長保存到兩年以上。另外，糖醇還具有反覆熬煮、使用的特點，儘管進口價格昂貴，但還是值得考慮，因為它是製作拉糖工藝最理想的原料。

● 融德國 Isomalt (愛素糖)

Step by step

德愛素糖融糖步驟：

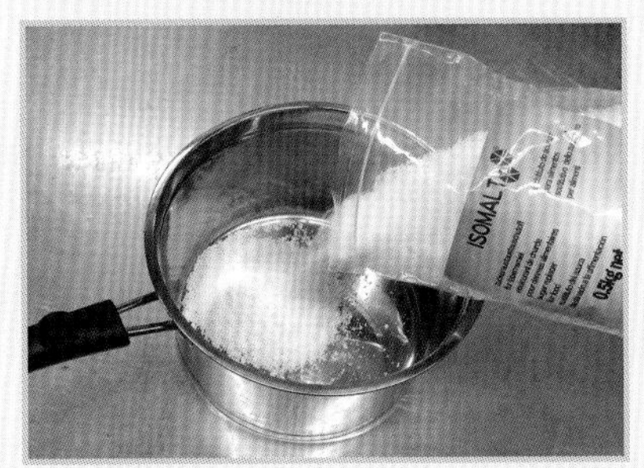

❶ 將糖倒入鍋內

❷ 可開大火煮至融化沸騰即可，或添加3～5滴酒石酸使糖軟化。

❸ 將糖漿倒入耐高溫矽膠不沾碗，或倒在矽膠不沾布

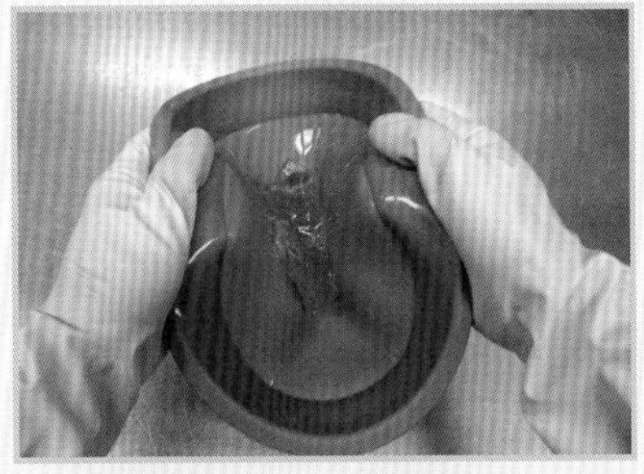
❹ 待糖漿降溫後，揉成糖糰，將不沾布提起擠成糖糰

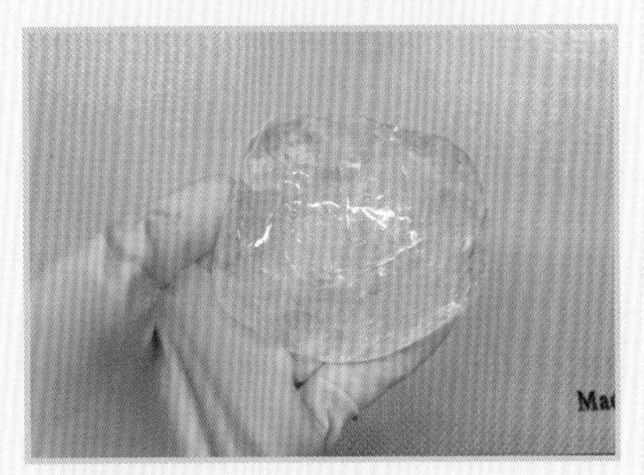
❺ 愛素糖糰呈透明狀

❻ 將糖糰反覆拉扯、拉伸

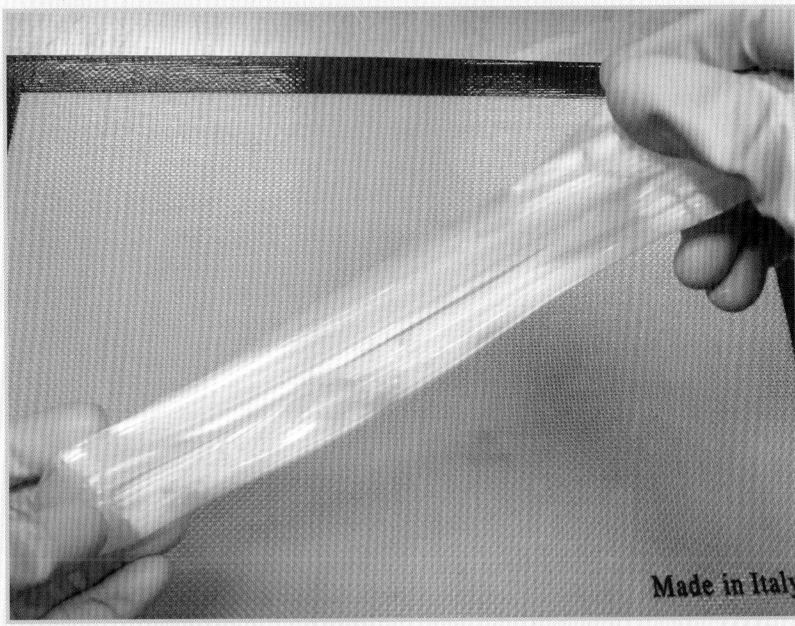

❼ 愛素糖糰接觸空氣後，成金屬般的光亮

❽ 即可塑形開始製作糖品

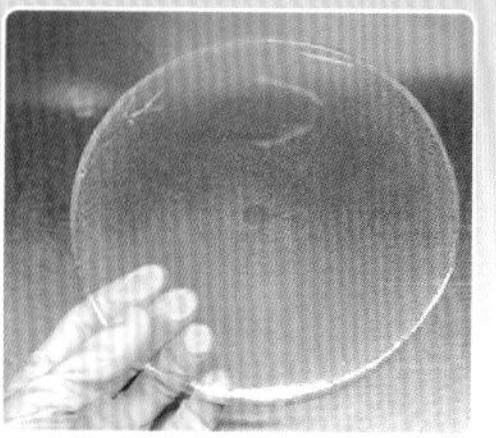
德國進口糖醇 ISOMALT

● 融德國 Isomalt 調色素

（煮至138℃時加入色素）

方法與步驟：*Step by step*

德國愛素糖煮至138℃時，可加色素調色；製作支架條則需煮至190℃左右再加色素，使其較堅韌。煮出來的糖漿經過反覆拉伸，使糖糰發亮，糖糰溫度約70℃時，可開始製作糖品。製作好的糖品要立刻放入保鮮盒內，加入乾燥劑除溼，經數小時後糖品較不易發黏。（備註：回收的糖品，因長時間接觸濕氣，融糖需煮至180℃）

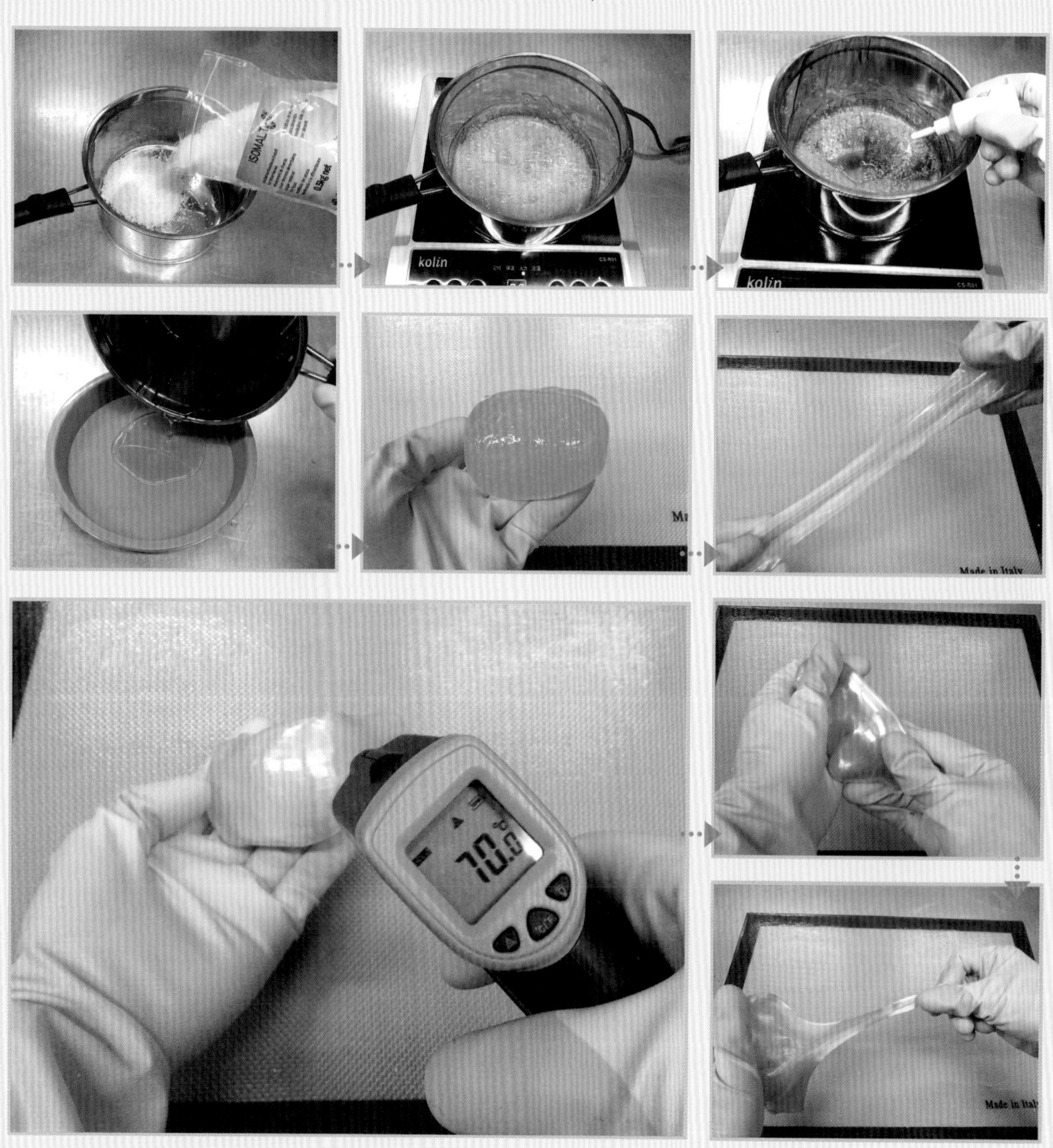

五、拉糖製作優點

糖糰經過幾次的反覆拉伸，與空氣接觸融合後會變得發光、發亮，產生如金屬般的耀眼光澤。糖體由熱變冷、由軟變硬的一小段時間內，可伸拉、撕扯、塑形，過了這段時間，則無法操作，容不得精雕細琢，平均在10秒內，即要完成拉出一根糖綠藤蔓或一片漂亮的綠葉，有快速製作的優點，且能保存和展示的時間長，因為糖體有一定的物理強度，在合適的環境下，拉糖作品可保存1～2年之久，既能欣賞又能食用。作品既新奇又新穎，廣受大眾喜愛。

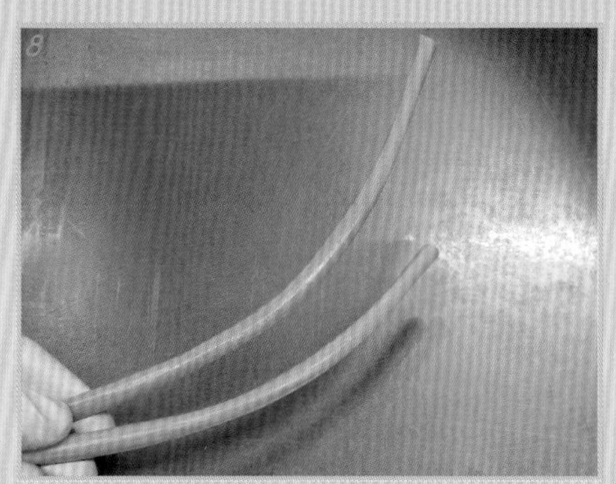

六、拉糖盤飾

料理烹飪領域在近幾年來不斷地發生變革，有創意、更有個人風格的廚師各領風騷，對於「傳統」既有繼承、又有發揚，有拋棄也有批判。有些盤飾明顯落後時代的要求，或者是不夠環保衛生、或者是浪費食材、或者是風格陳舊，作為一個「與食俱進」的時尚廚師，如果還在用這些裝飾，那麼就落伍了。

盤飾同樣有其生存和發展的軌跡，其變化的各個階段，如以黃瓜、紅蘿蔔圍一圈，到新一點的插蘿蔔花，再到鮮花的普遍使用，還有前幾年用巧克力餅乾的過渡期，現在盤飾的方向標的，又指向那裡呢？在傳統的菜品點綴中，曾經作為其中傑出代表的黃瓜、紅蘿蔔圍邊不可避免的被淘汰，我們必須承認它們曾是盤飾食材經典中的經典，利用它們所作的造型不是太少而是太多，已經被過度開發了，廚師很難再在它們身上玩出更「潮」的花樣。在菜餚盤飾上，我們一般要求廚師所應用的材料為可以食用的材料，在構思上去繁為簡。現在一道菜上桌，首先看到的是形和色，其實廚師作菜手藝不相上下，就看如何給菜品作「包裝」。

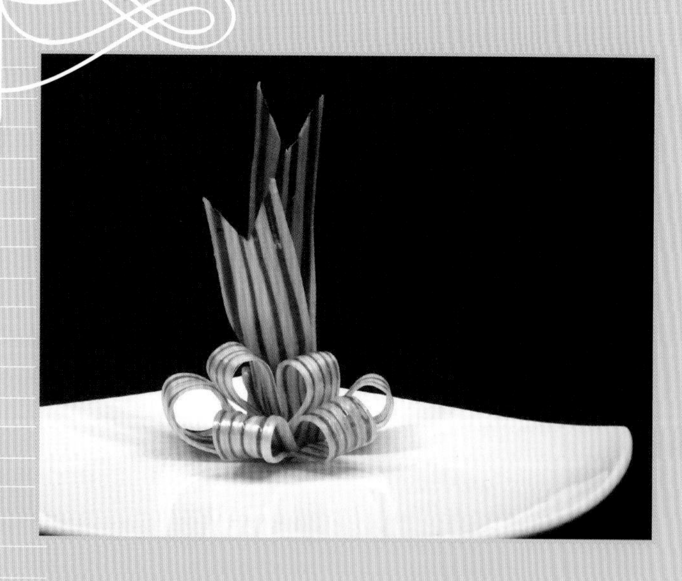

為什麼現在廚師都喜歡借鑒西式盤飾？

就是因為它方便快捷，色彩搭配明瞭，視覺效果好，而且健康衛生。未來的盤飾流行、走勢，人人都可以用「時尚」二字概括。那究竟什麼才是時尚？

「時尚」主要是簡約立體，避免繁瑣。其中最具時尚色彩的是拉糖盤飾，幾根優美的糖線條，幾個精緻的糖蝴蝶、色彩明快的彩帶糖圈，都會讓食客感到耳目一新，這也成為廚師對菜品「脫胎換骨」的最有力武器。

● 各式矽膠模具

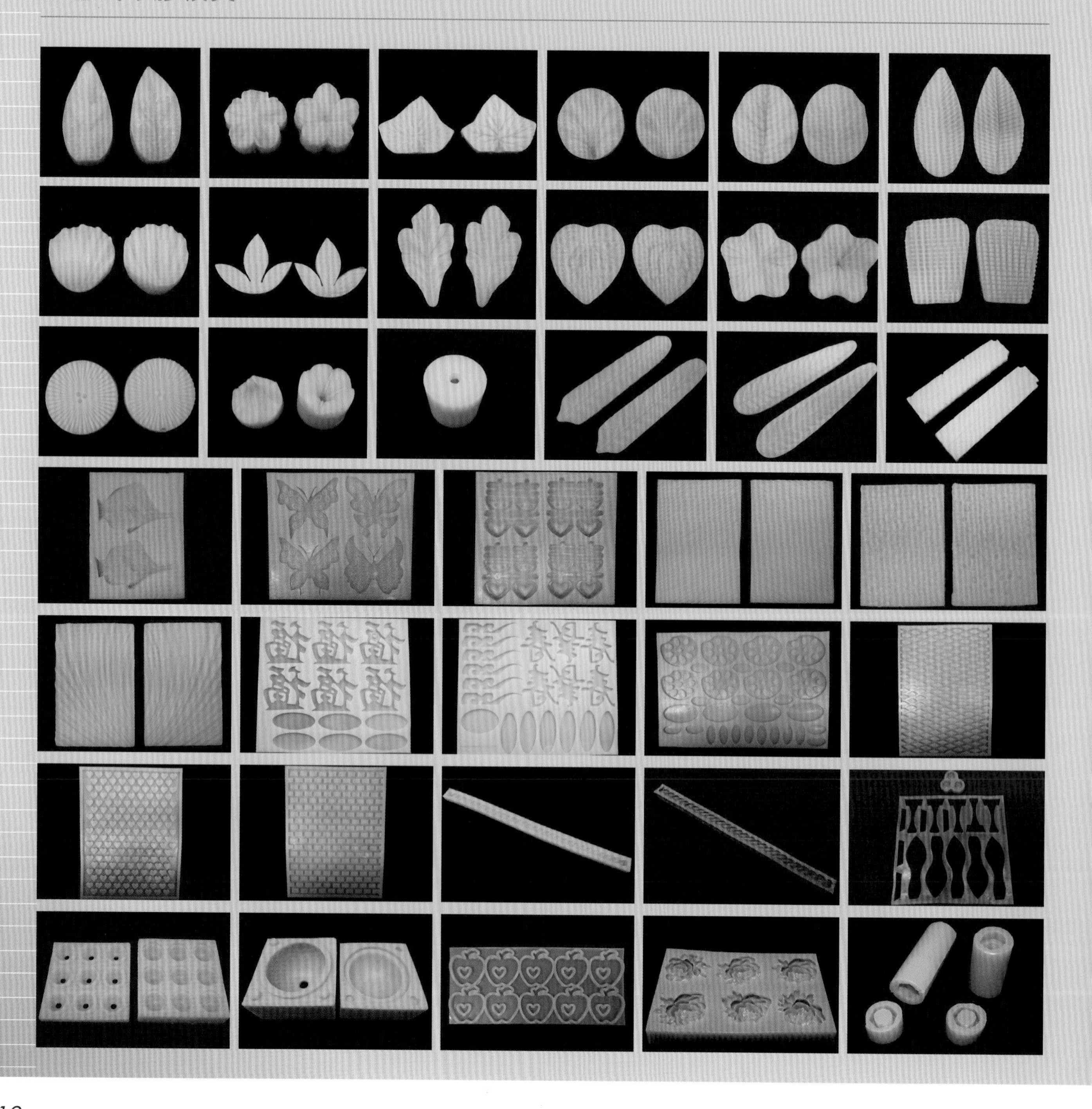

時尚精品・拉糖盤飾
拉糖盤飾精品製作
Pulled Sugar
Step by step

黏糖方式 1

Step by step

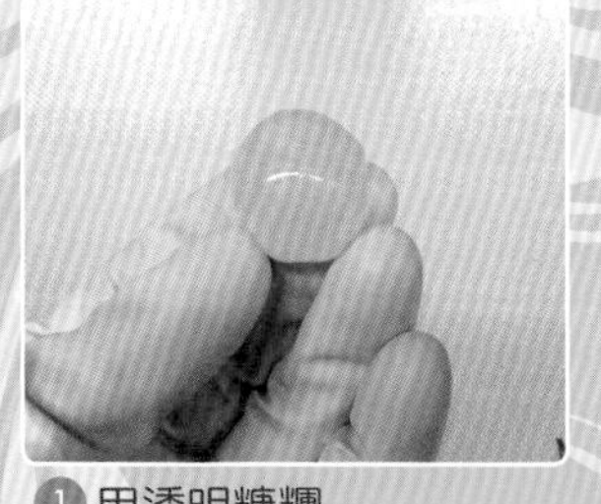

❶ 用透明糖糰

❷ 壓出扁圓形

❸ 透明圓底作

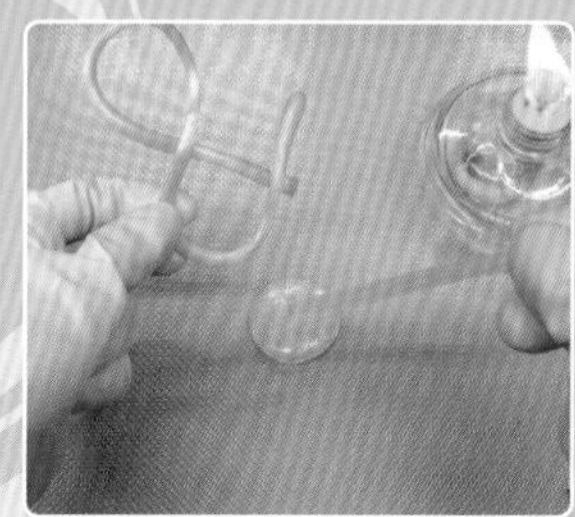

❹ 燒根透明糖棒將糖漿滴沾於圓形糖底作

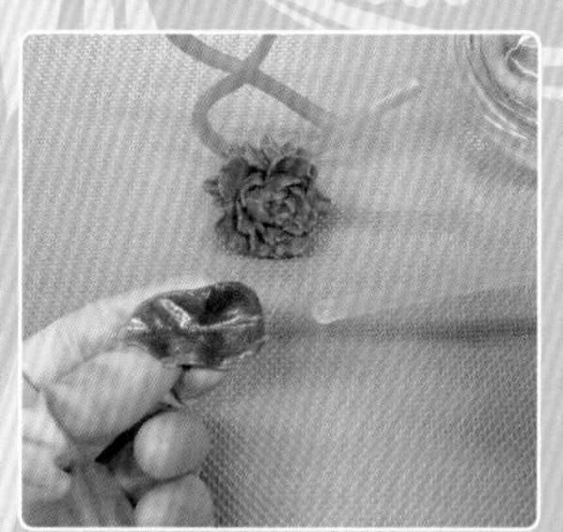

❺ 小件糖品黏於底作，待數秒後冷卻再放手

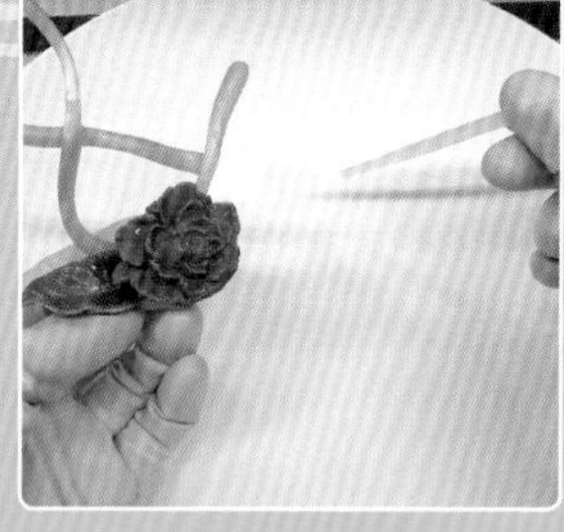
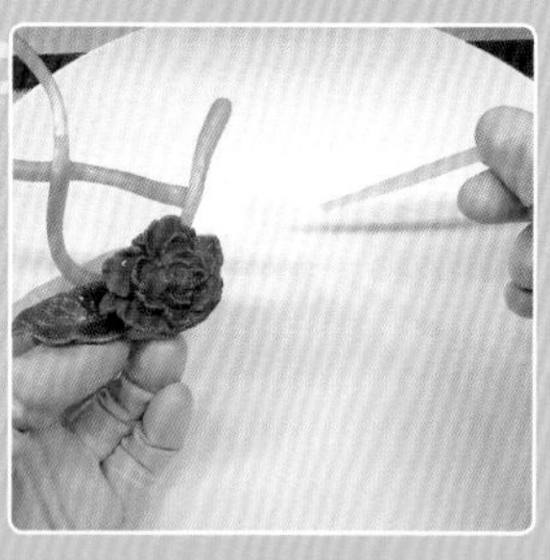

❻ 燒透明糖棒滴黏於盤上，因磁盤溫度較低，需重複黏上透明糖漿

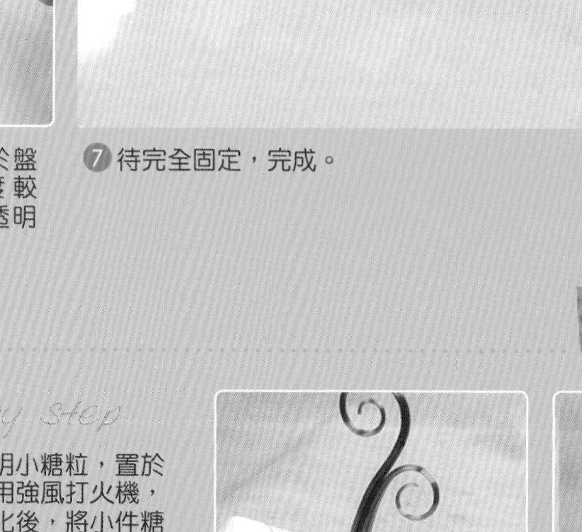

❼ 待完全固定，完成。

黏糖方式 2

Step by step

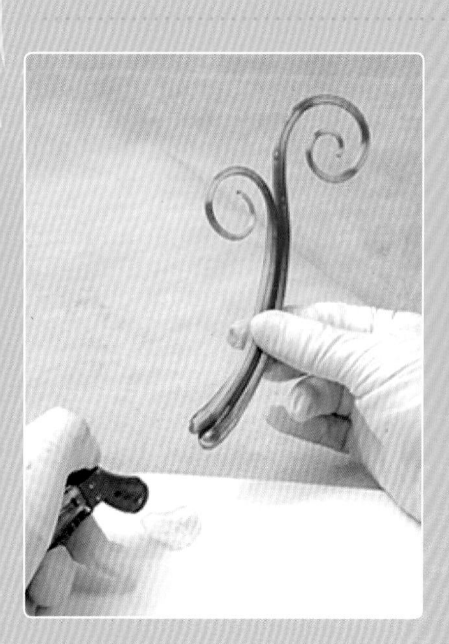

> 取塊透明小糖粒，置於盤上，用強風打火機，燒糖融化後，將小件糖品黏起，待完全牢固後才放手，不然糖品容易傾斜、倒塌。

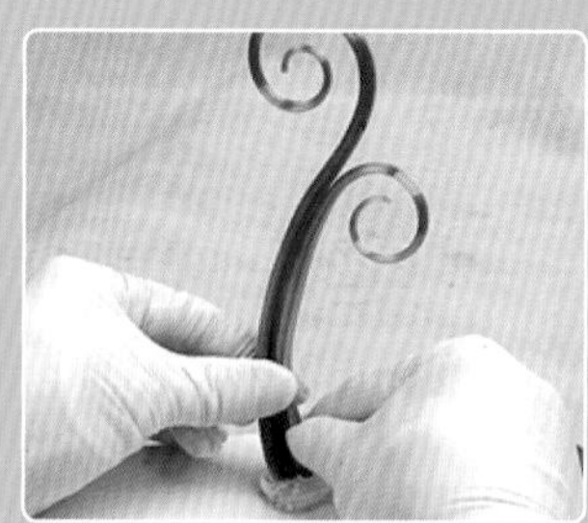

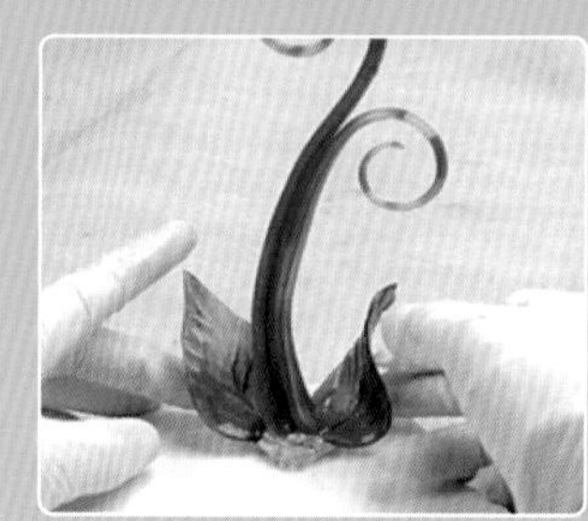

雙心線條

Step by step

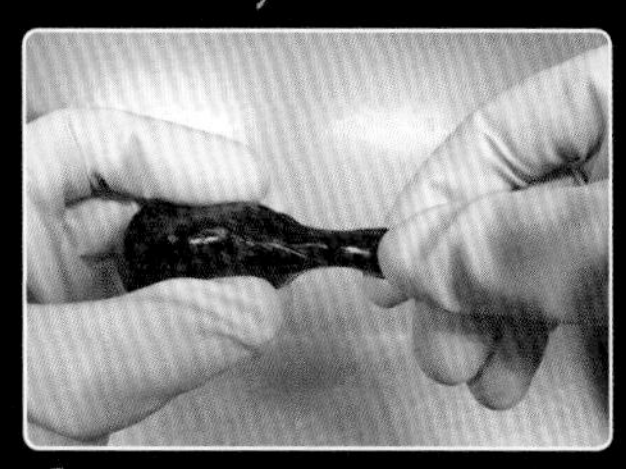

❶ 將糖糰加入紫色素，把糖糰拉亮

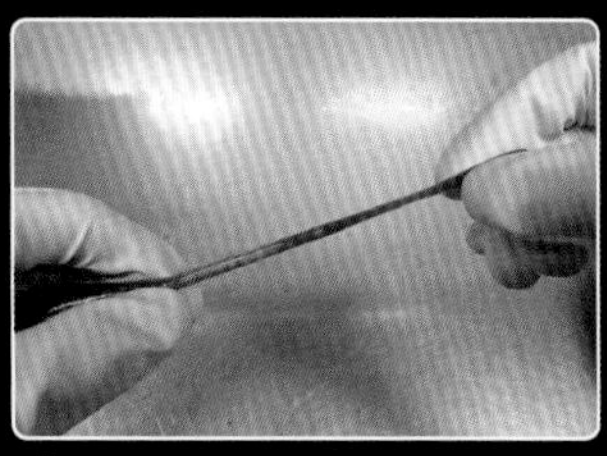

❷ 慢慢拉出糖線

❸ 放於不沾布上，把糖線捲成心型狀，再拉黃色細線條，將雙心綁起

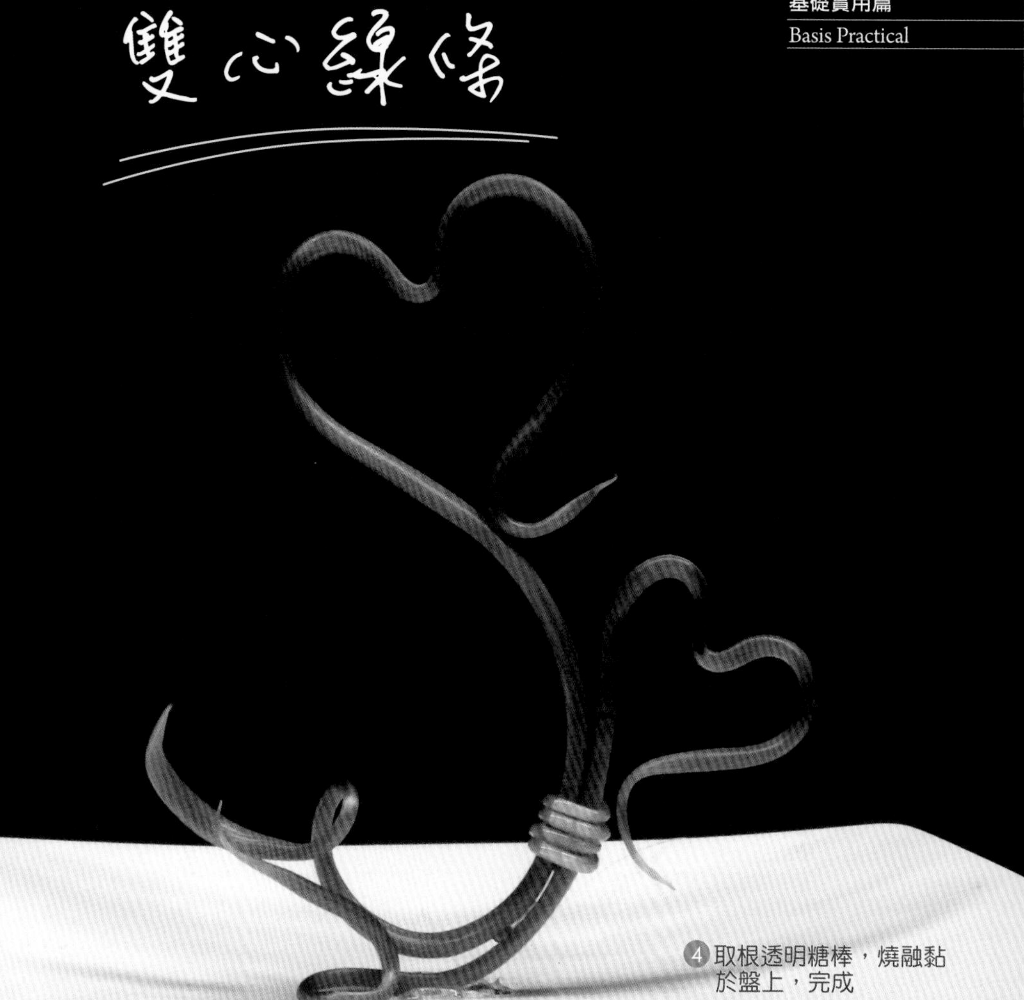

❹ 取根透明糖棒，燒融黏於盤上，完成

步驟 Tip Step by step

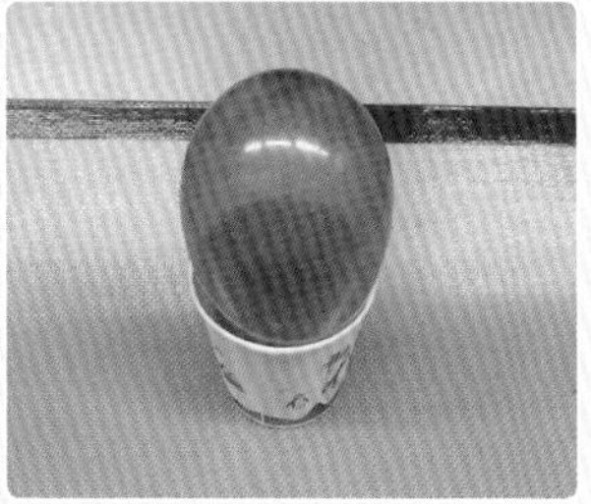

❶ 準備汽球與紙杯

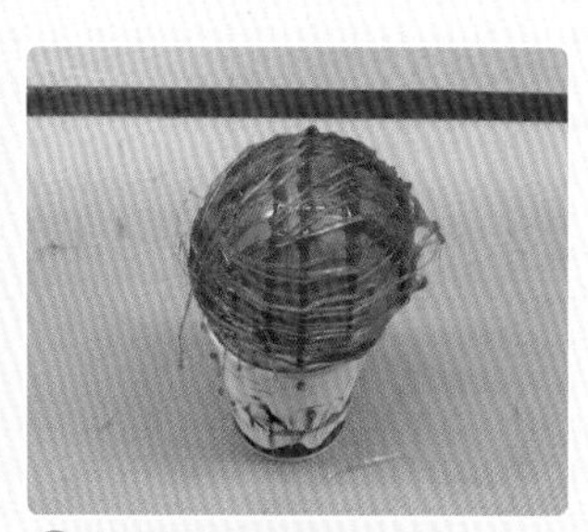

❷ 待糖漿降溫100度時，用湯匙勺起糖漿，淋於汽球上呈網格狀

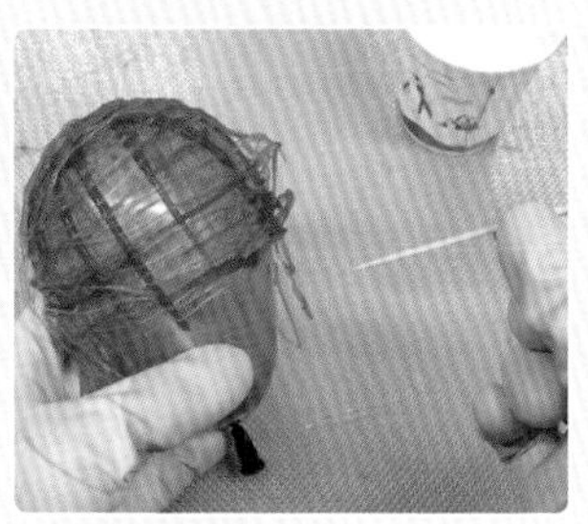

❸ 刺破汽球

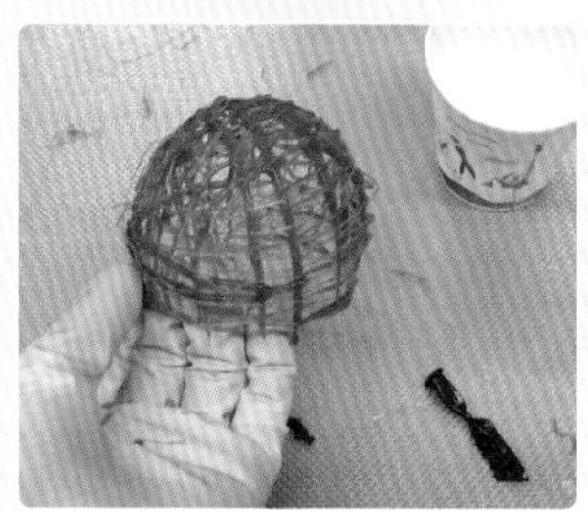

❹ 取出糖網，再配上糖品插件，完成

糖網

步驟 Tip Step by step

1 取兩條不同顏色的糖條

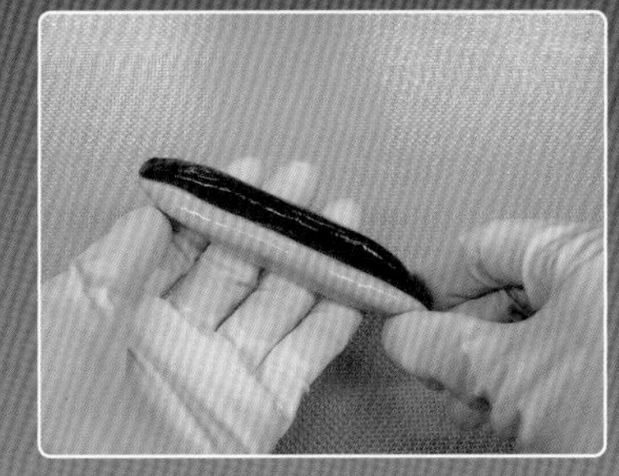

2 趁未冷卻變硬之前黏在一起

3 拉長雙色糖條

4 雙色糖條再旋轉並再拉長

5 剪下所需長度作成圓型糖圈，完成

Step by step

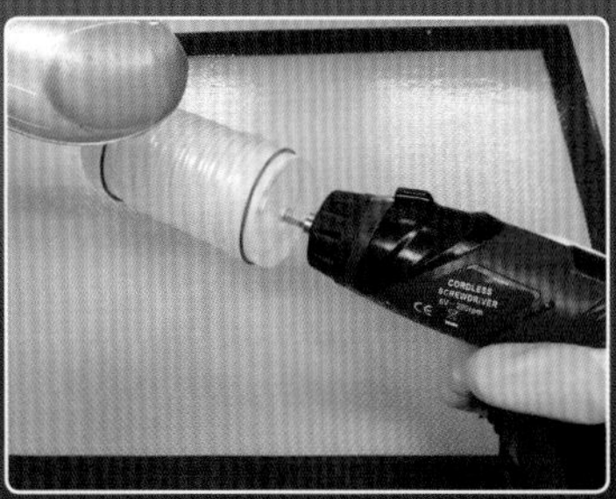

① 拉絲槍大圓模套上不沾布，用湯匙勺起糖漿，並啟動馬達旋轉

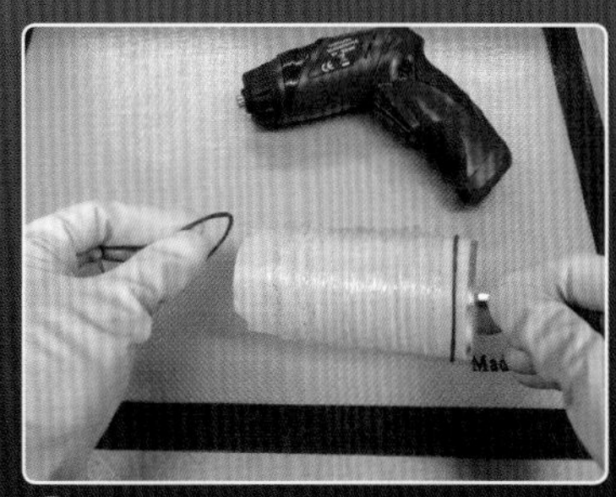

② 捲起所需糖絲圈

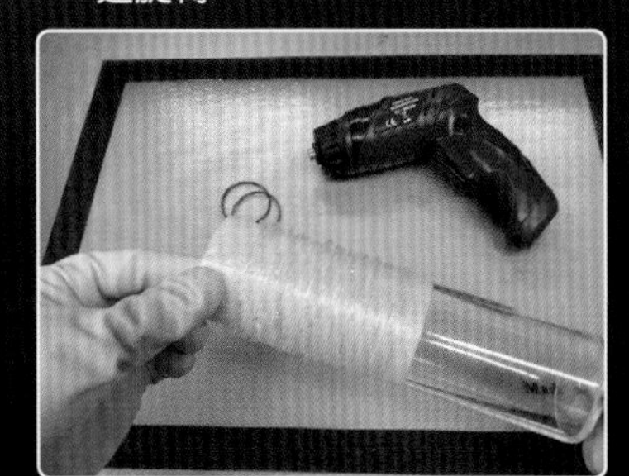

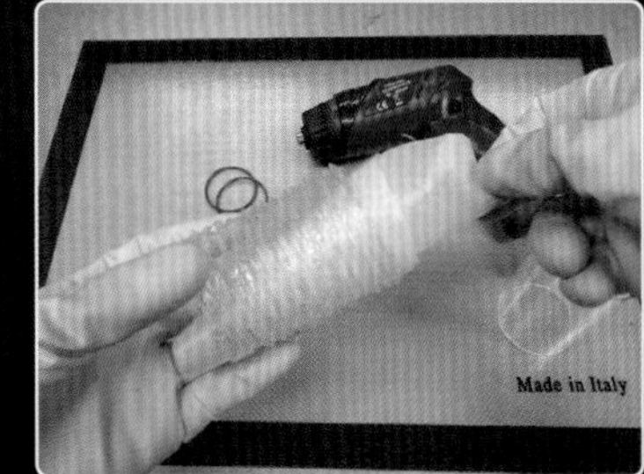

③ ④ 待冷卻後，將糖絲圈取下，置於盤上

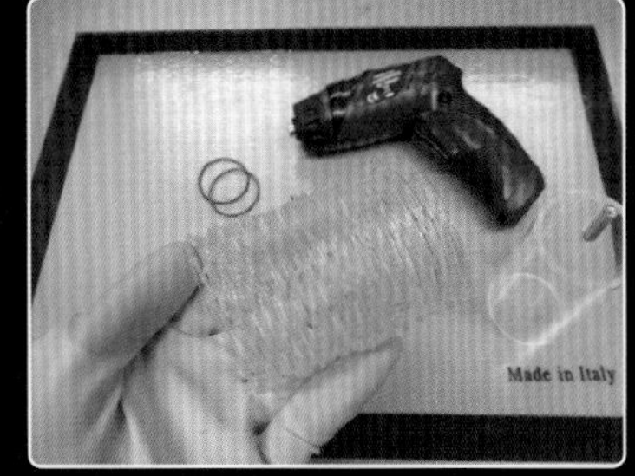

⑤ 或將糖絲圈裁剪對半，堆疊置於盤上，完成

糖絲圈

蔥線條

Step by step

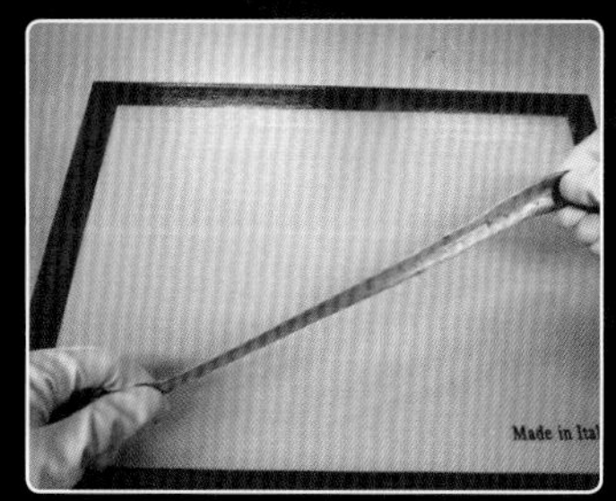
① 紅糖糰拉出薄扁的蔥形線

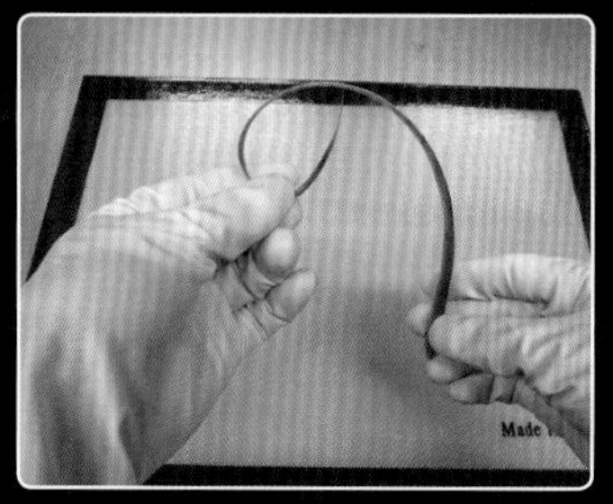
② 蔥線條約1公分寬，拉長捲曲

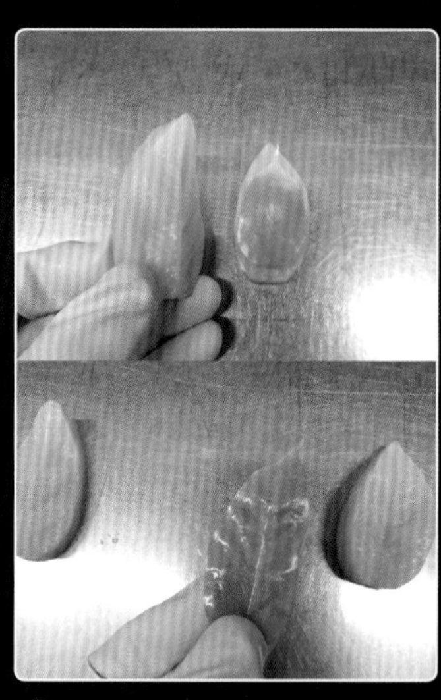
③ 用榕樹矽膠橫壓出綠葉

④ 數根蔥線條組合黏於盤上，配上綠葉，完成

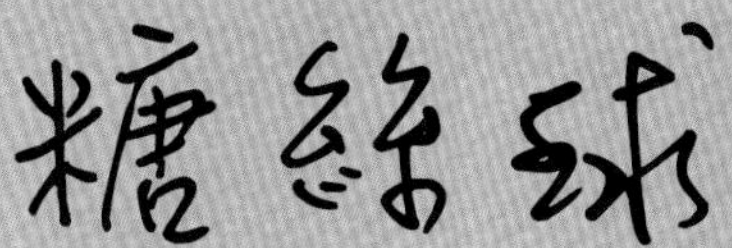

糖絲球

❶ 取一紙杯和一個汽球，將汽球放在紙杯上

❷ 用數把筷子沾起愛素糖漿（糖漿要待冷卻約90℃左右，溫度太高，糖拉不出絲），筷子往汽球周圍繞拉出糖絲

❸ 將汽球上的糖絲，稍作塑圓

❹ 糖絲汽球分開紙杯

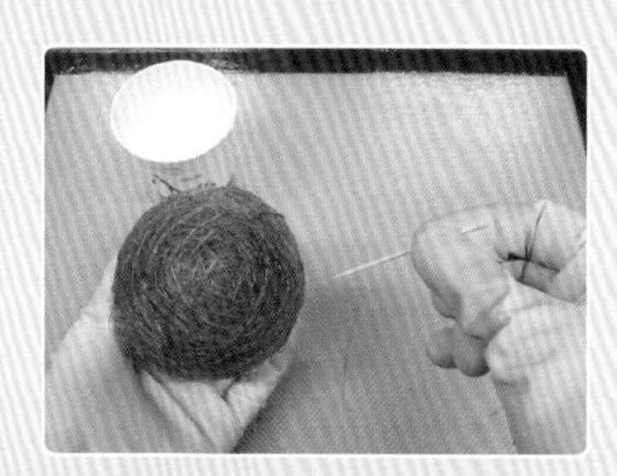

❺ 用牙籤刺破汽球取出，糖絲球應立刻置入保鮮盒除溼（因糖絲細，容易受潮）

Step by step

螺旋小花

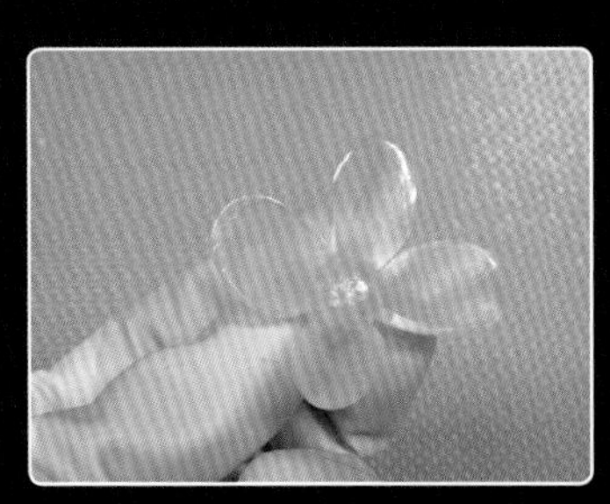

❶ 用透明糖糰作花瓣，酒精燈燒糖，將花瓣黏起，組合成小花朵

❷ 拉出紅糖線捲起形

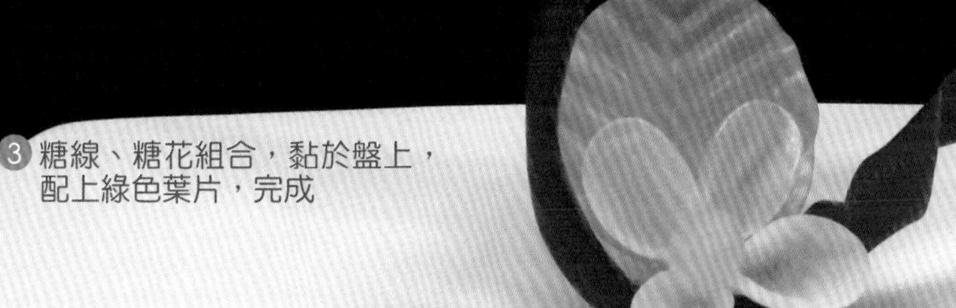

❸ 糖線、糖花組合，黏於盤上，配上綠色葉片，完成

嬌豔的花

❻ 用上色機給小花噴色，完成

步驟 Tip *Step by step*

❶ 取透明糖糰

❷ 拉出光亮呈銀色

❸ 拉出薄形花瓣

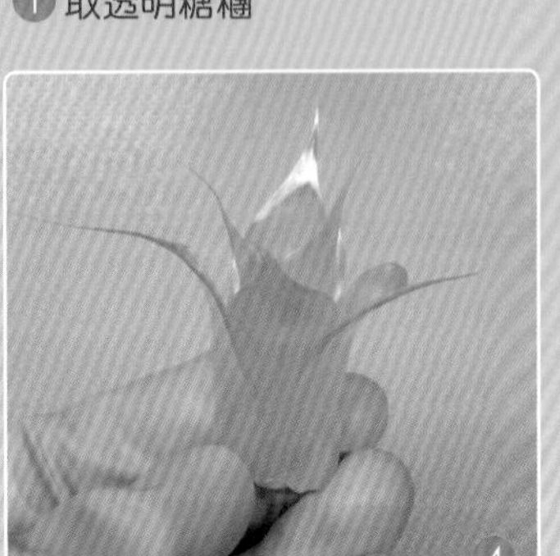

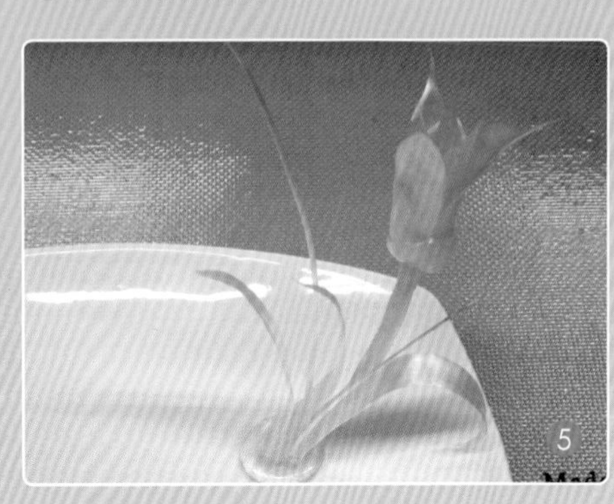

❹ 將數片花瓣組合起來成一朵小花

❺ 拉出莖、葉片，將小花黏於盤上

Step by step

❶ 融透明糖漿，待糖漿降溫至130℃左右

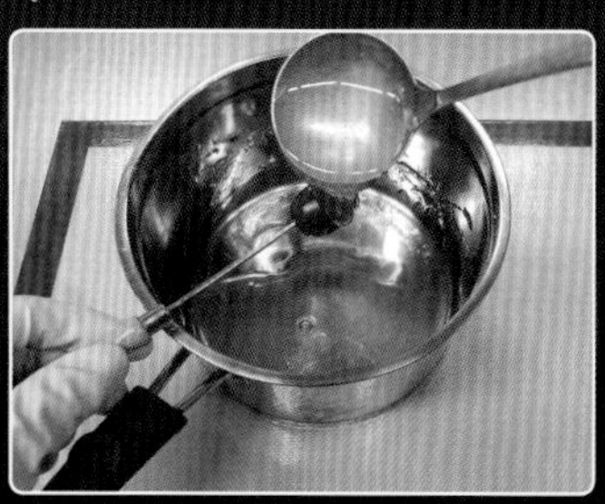

❷ 將糖漿淋於番茄

❸ 等番茄表面稍冷卻變硬

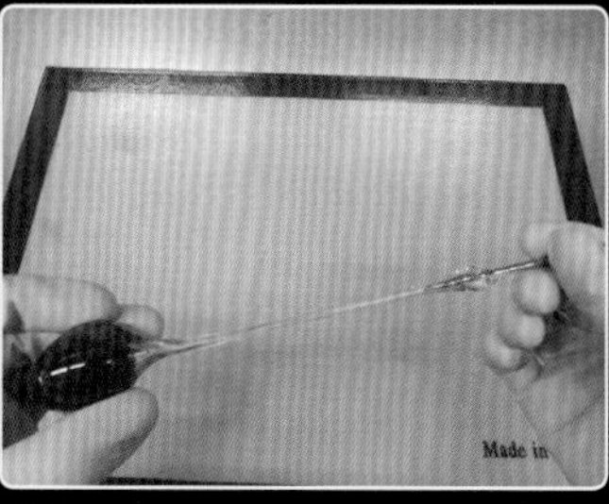

❹ 趁未完全糖硬化時拔出鐵針

❺ 慢慢的拉出糖線。

番茄糖

步驟 Tip Step by step

❶ ❷ 取透明愛素糖糰，拉至光亮，呈銀色

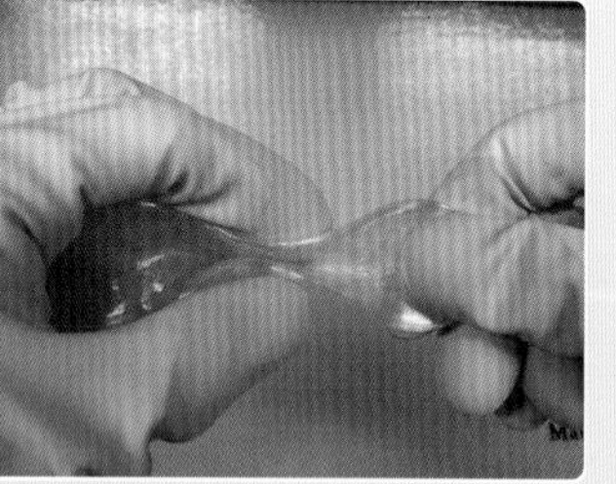

❸ 拉出薄花瓣片

❹ 放於矽膠模具

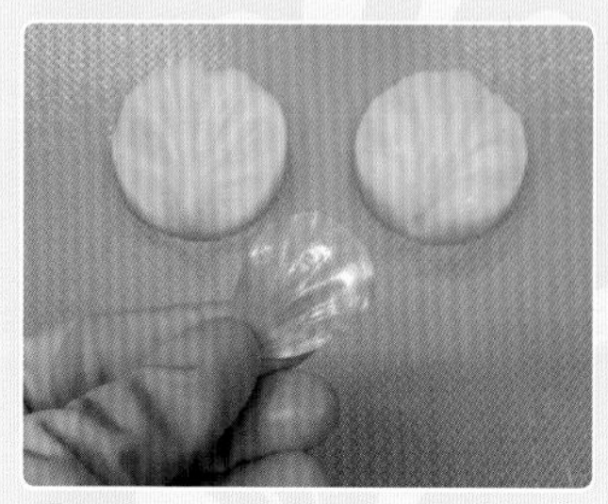

❺ 壓出有紋路的花瓣片

❻ 拉出數根糖線與糖座

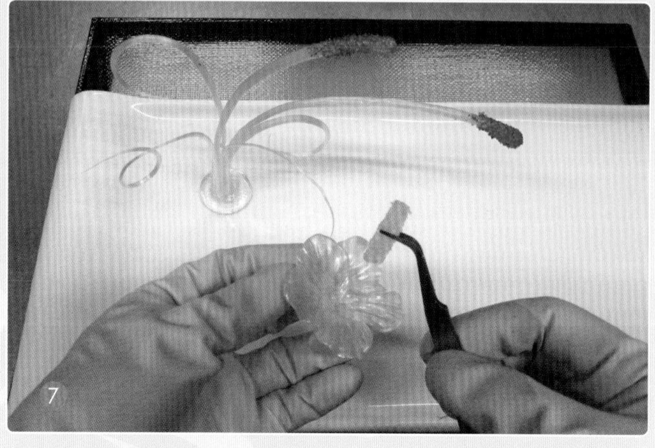

❼ 將花瓣組合黏起，花心取糖棒沾上用色素染色的特砂，糖線與梅花組合黏於盤上，撒上有色特砂，完成。

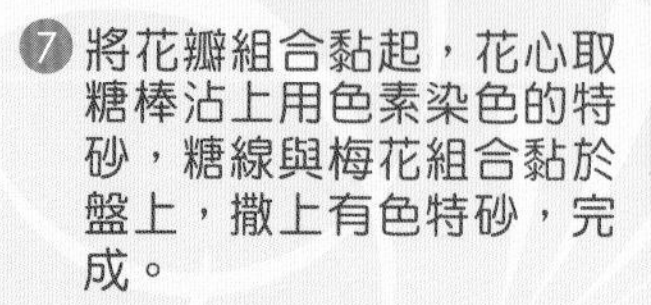

Step by step

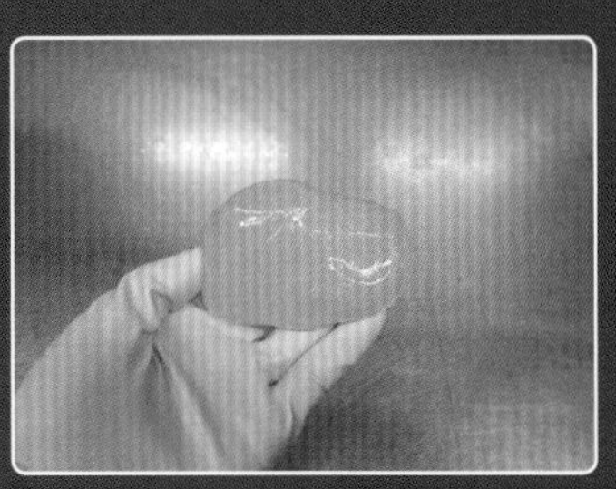

① 取透明糖糰

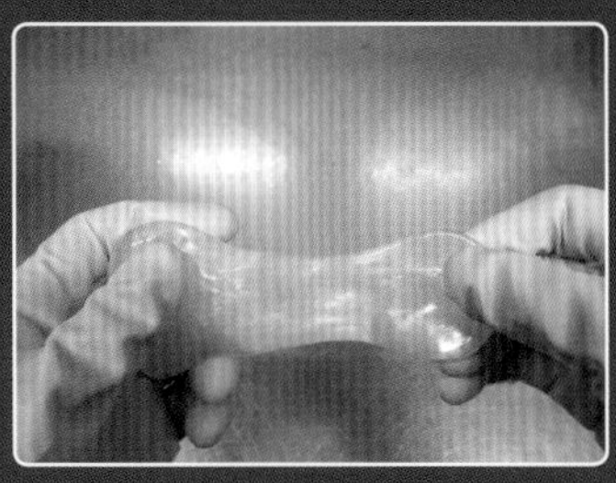

② 拉至呈銀色金屬亮

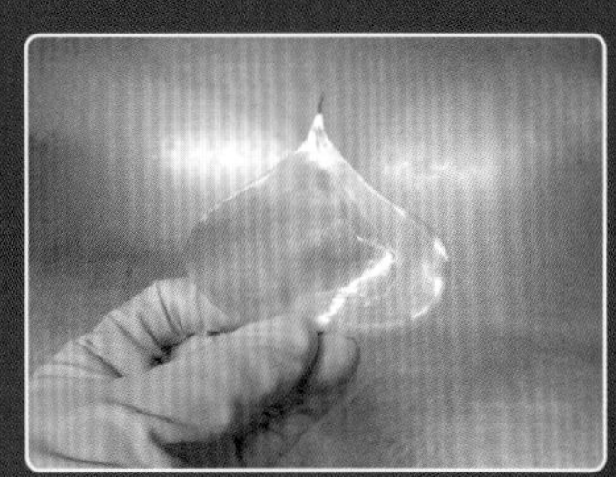

③ 拉出海芋葉形

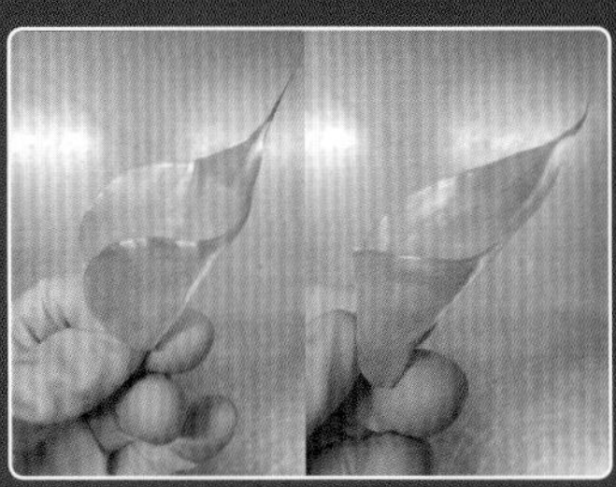

④ ⑤ 將海芋葉捲起

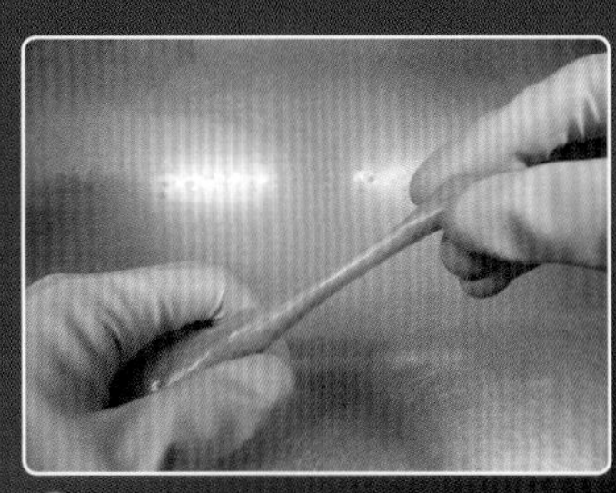

⑥ 取黃色糖糰拉出海芋葉中心梗

⑦ 梗沾上染有紅色的特砂糖

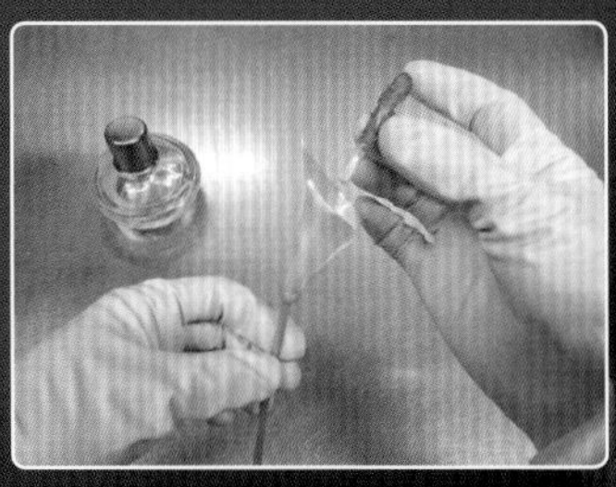

⑧ 將梗黏於海芋葉中

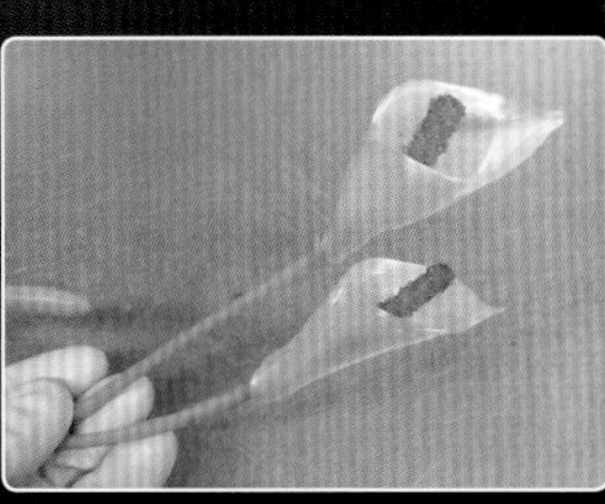

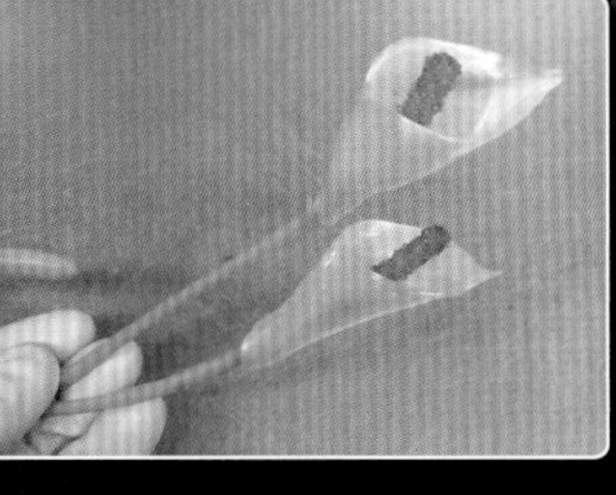

⑨ 接上海芋莖，搭配糖線，盤飾完成

海芋

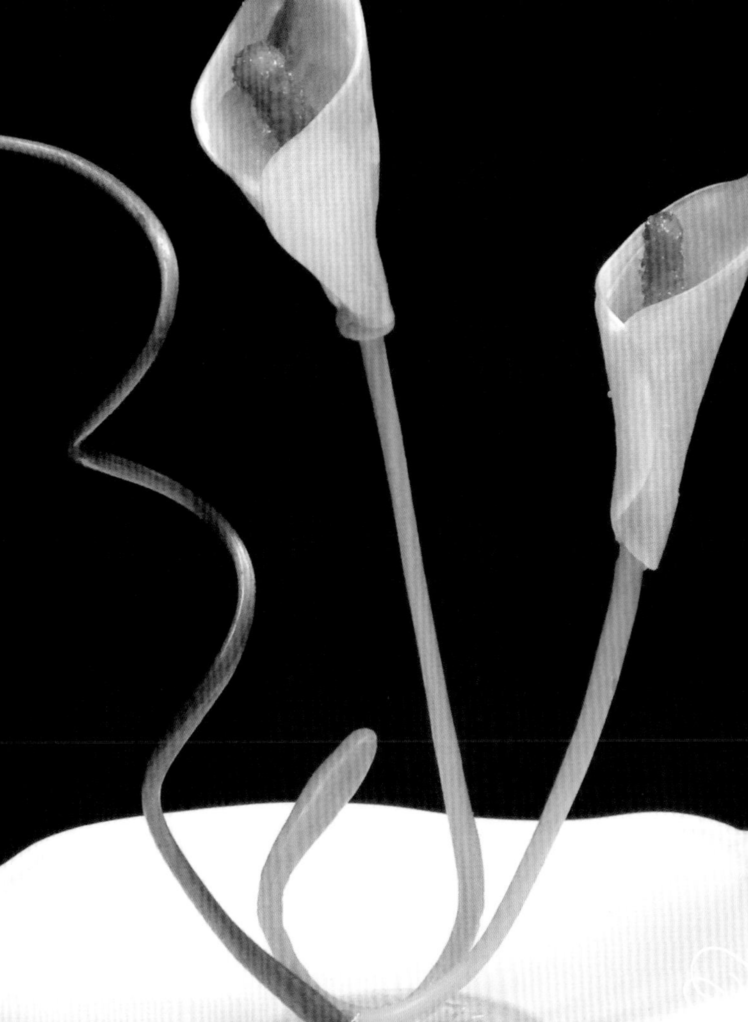

紅花

步驟 Tip *Step by step*

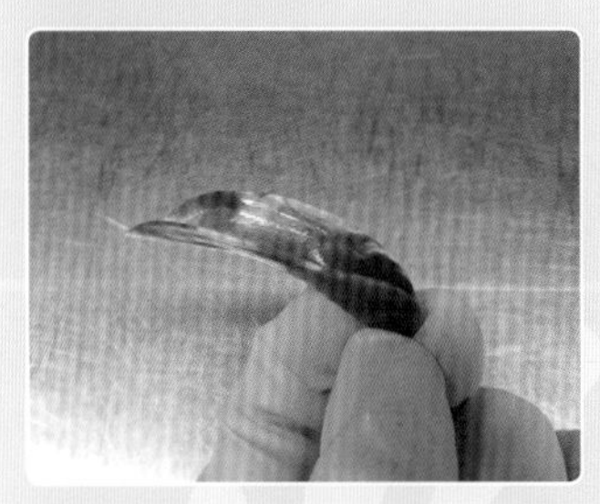
❶ 用紅色糖糰拉亮後拉出長葉狀

❷ 拉出5葉，菜根用酒精燈燒融

❸ 組合黏起

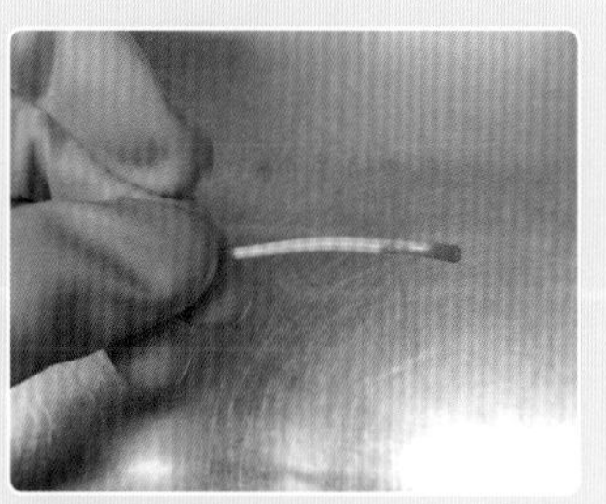
❹ 拉出黃色花蕊心

❺ 接黏土紅色花朵中心

❻ 黏於盤上，接上樹葉

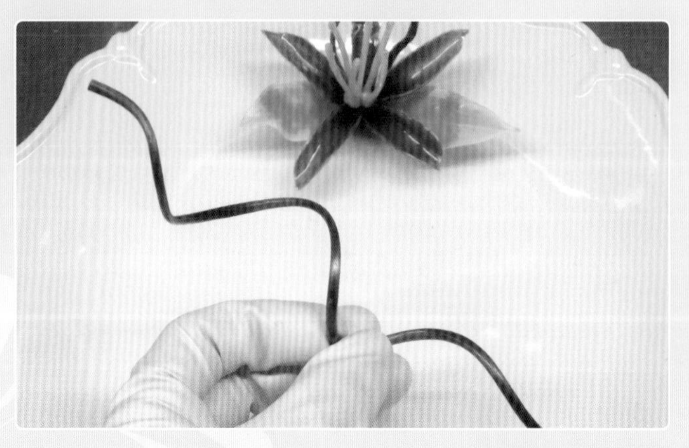
❼ 拉出紫線條組合，完成

步驟 Tip Step by step

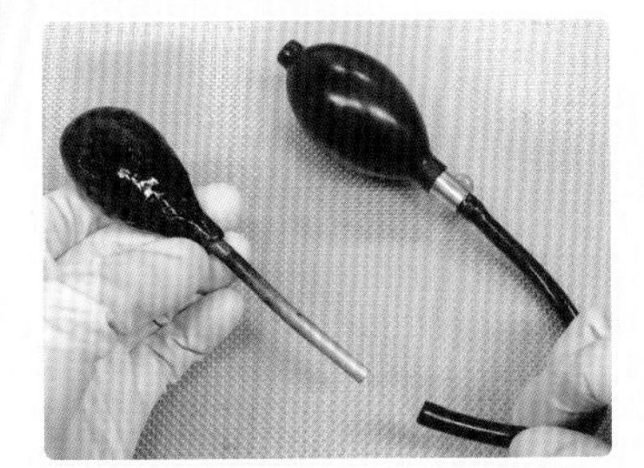

❶ 取紫色糖糰，黏於汽囊銅管

❷ 將糖吹成球形後，慢慢把球拉長

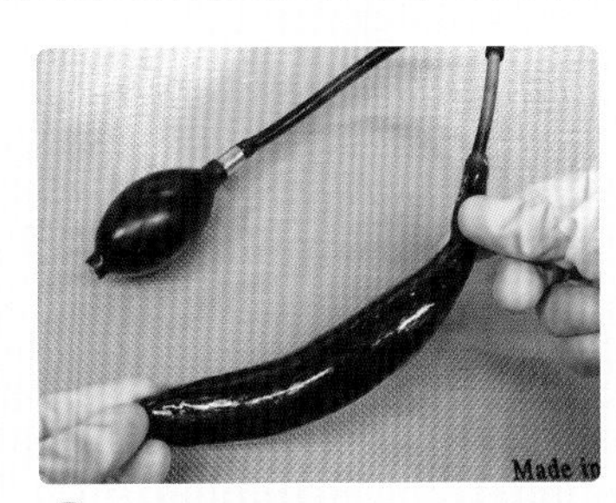

❸ 拉出茄子形狀

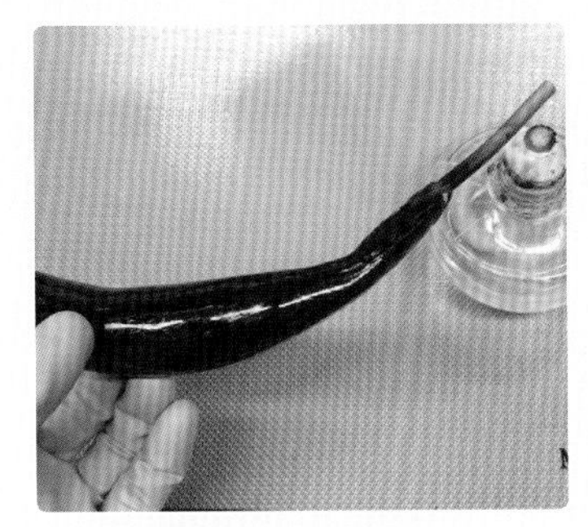

❹ 銅管加熱，取下茄子

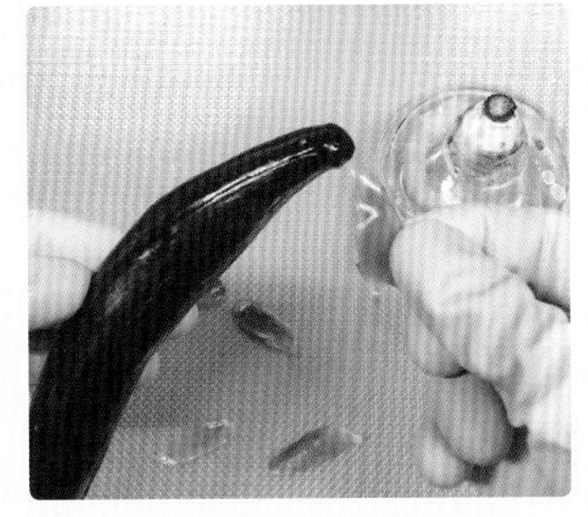

❺ 黏上茄子頭、小葉，完成

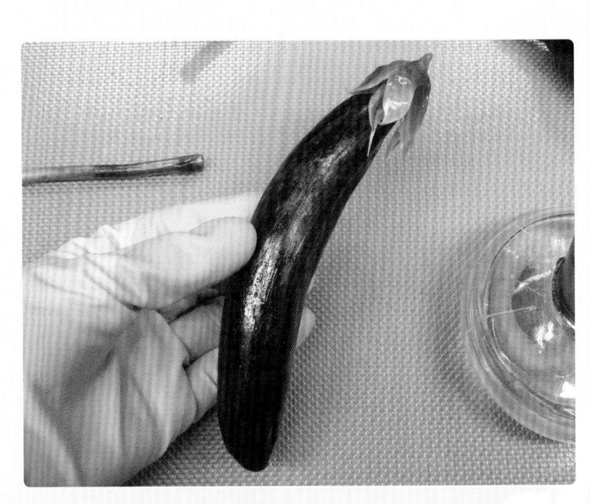

黃椒

Step by step

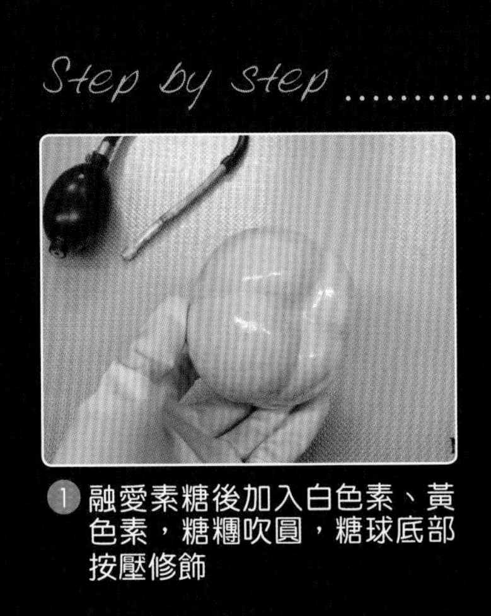

❶ 融愛素糖後加入白色素、黃色素，糖糰吹圓，糖球底部按壓修飾

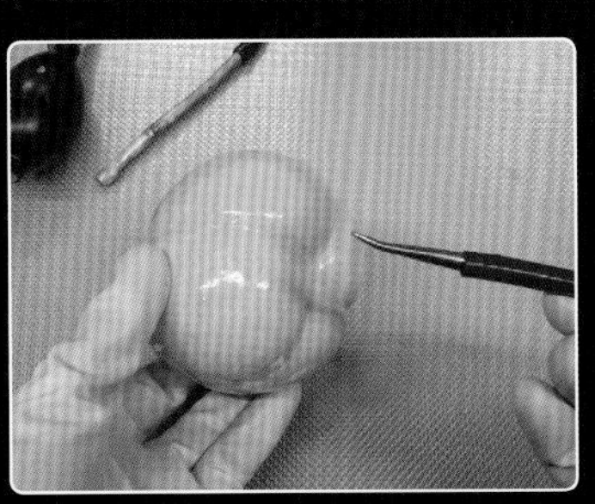

❷ 用雕刻刀再作修飾

❸ 接上黃椒頭，完成

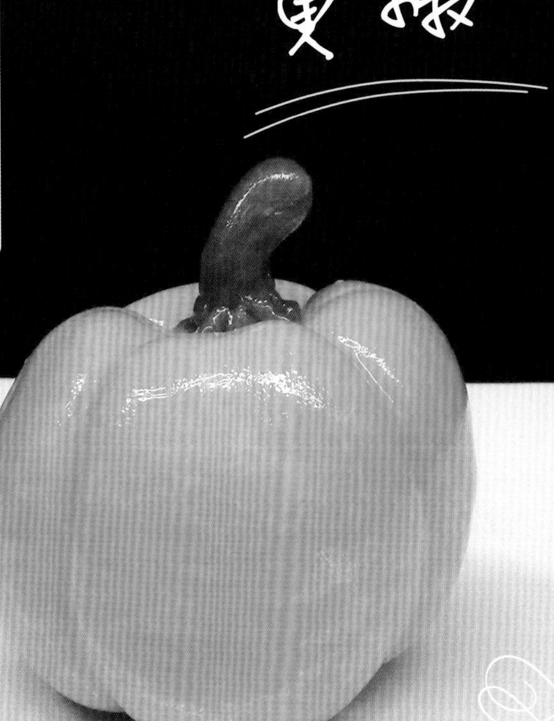

甜豆

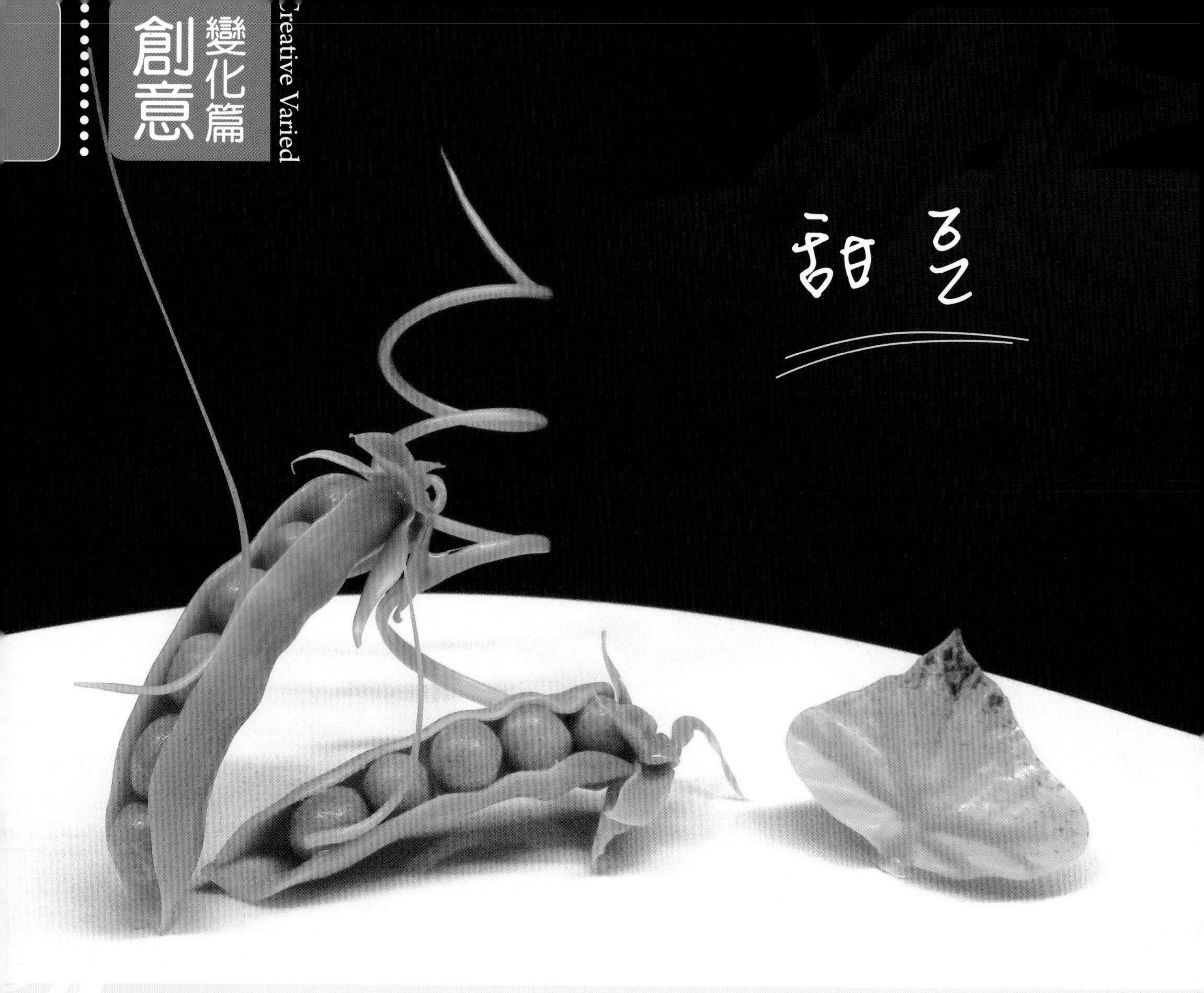

步驟 Tip Step by step

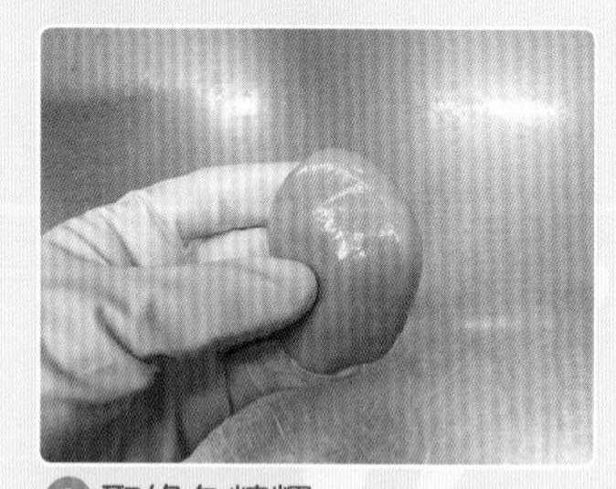
❶ 取綠色糖糰

❷ 捏出數顆圓豆仁

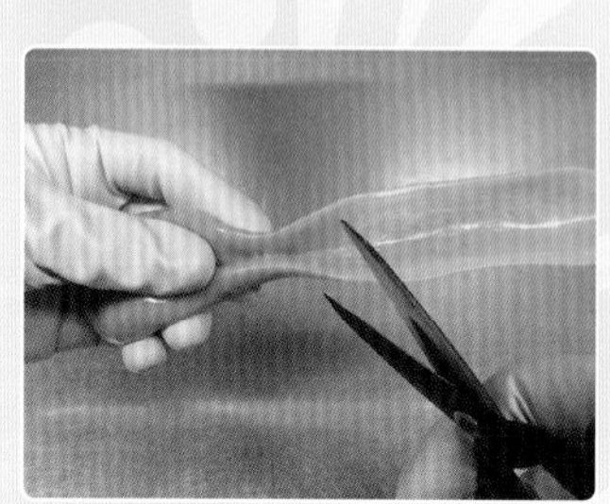
❸ 並拉出長片形作甜豆外皮

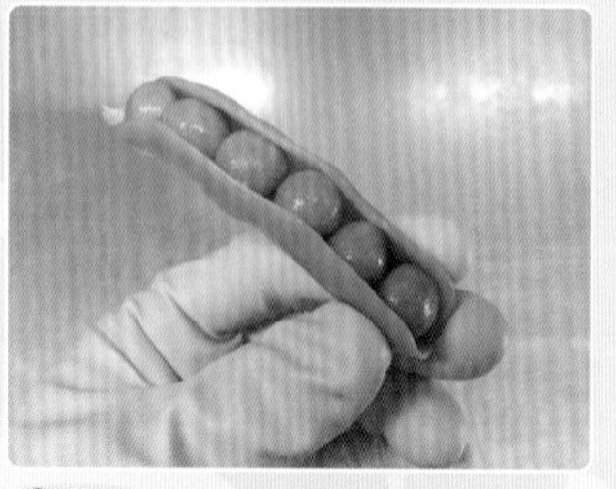
❹ 在加熱燈下將豆仁沾點糖漿黏於甜豆皮上，包起

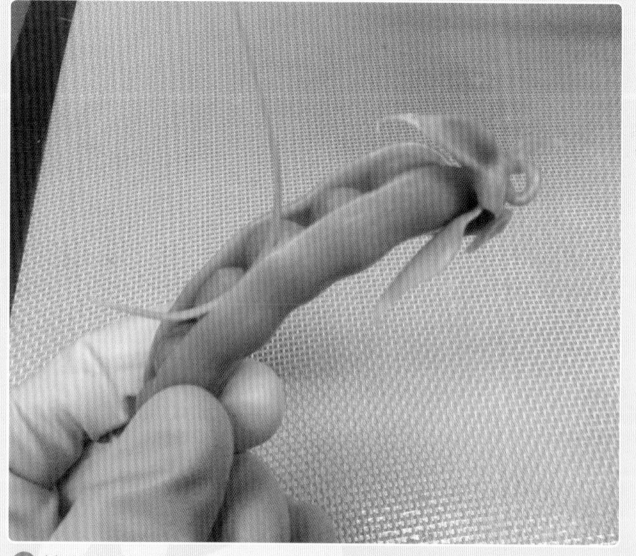
❺ 接黏上甜豆頭葉，及拉甜豆的細絲裝飾後，完成

Step by step

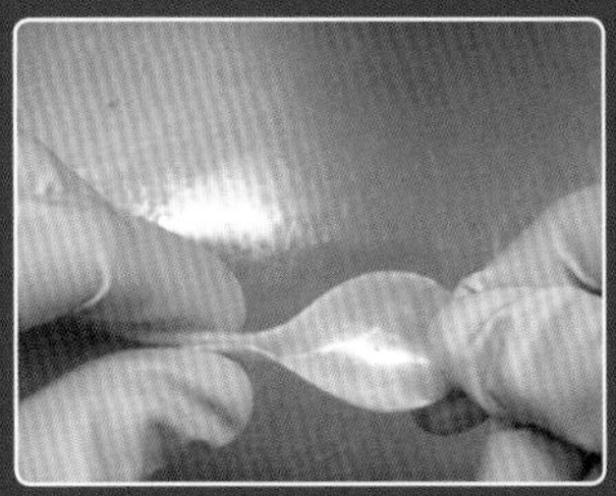

① 取透明糖糰

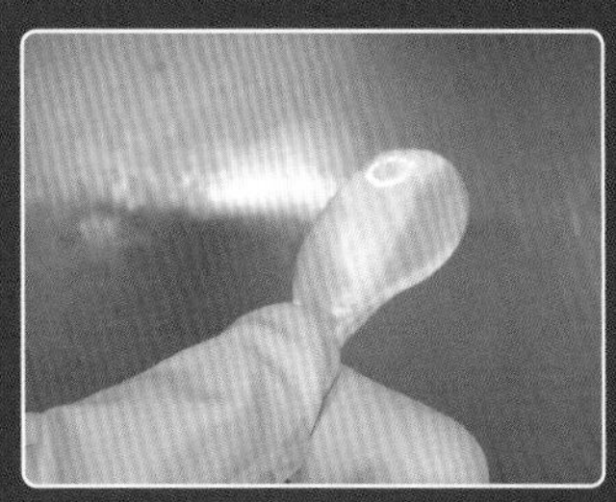

② 拉亮後接出葉形

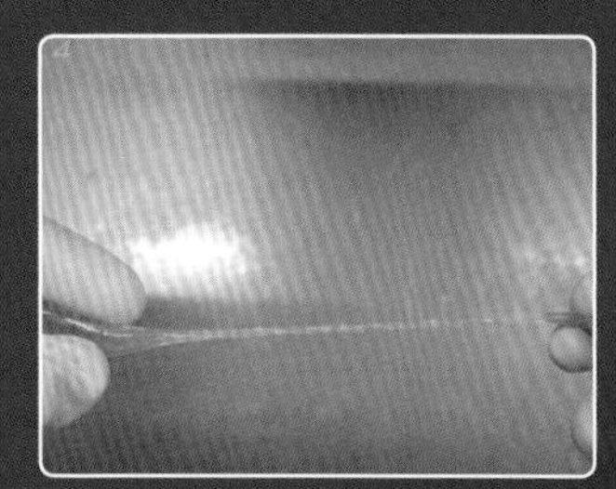

③ 拉出黃色細線條

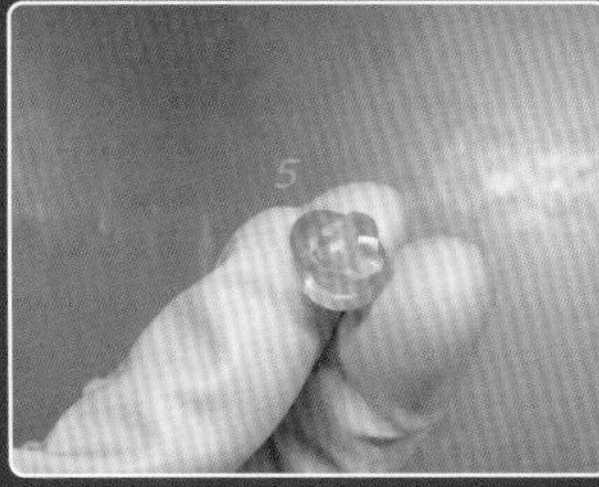

④ 捲起成小圓球形當花蕊

⑤ 5片花瓣組合黏起

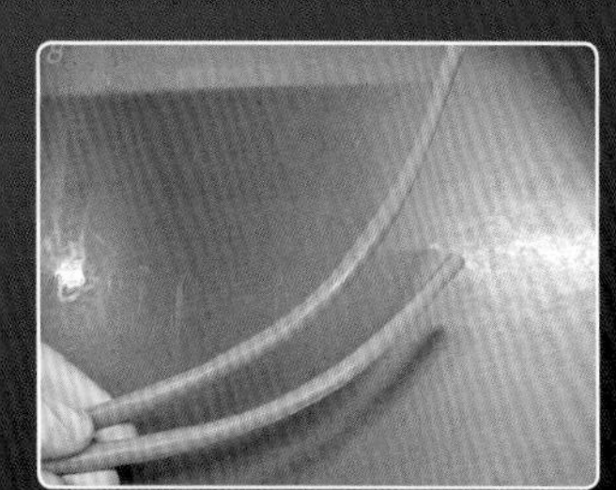

⑥ 拉出2根綠莖交插黏於盤上，黏上銀花、葉片，完成

創意變化篇 Creative Varied

步驟 Tip *Step by step*

❶ 取6條紅色粗糖條，合併看齊，再取2條黃色糖條，中間排一條綠色粗糖條，排於紅色糖條兩旁

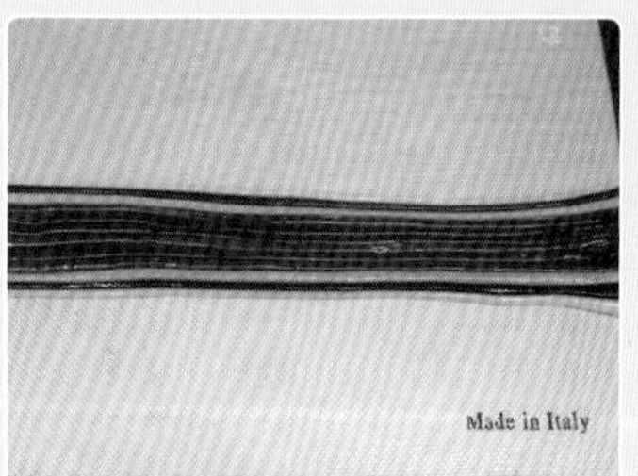

❷ 將糖條拉長

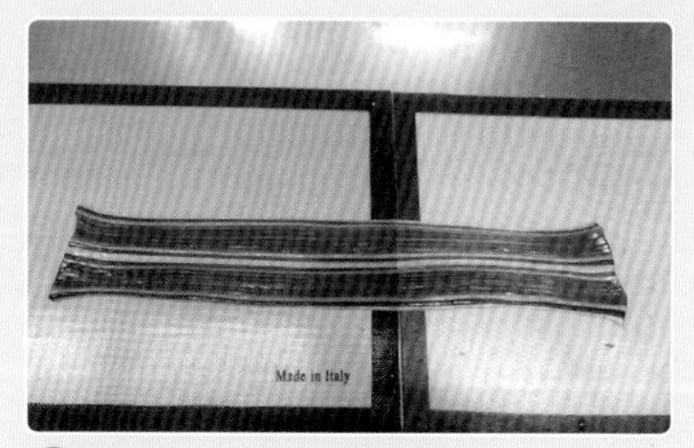

❸ 用剪刀剪成2段再合併

❹ 將糖條拉長、拉薄，更加光亮

❺ 燒熱刀片裁剪所需長度

❻ 將鍛帶片於加熱燈下烤軟後捲曲後，完成

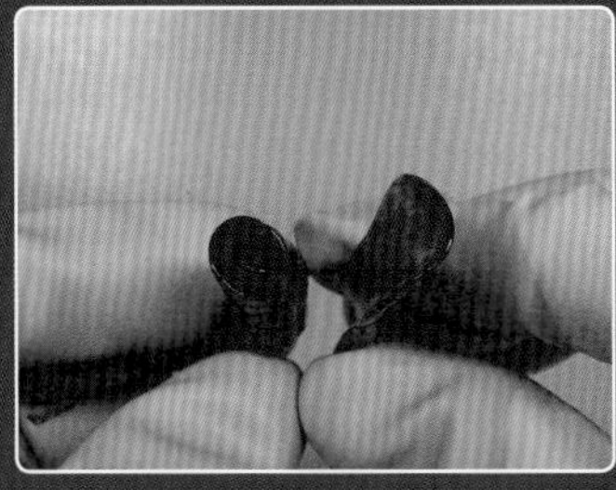

1 取紅色糖糰，拉出玫瑰花心的花瓣

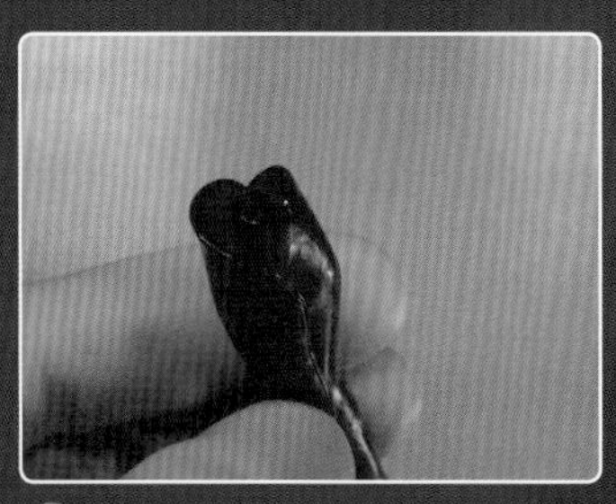

2 玫瑰花瓣要拉的薄，才會光亮，花瓣在加熱燈下稍烤軟，可直接黏上，或圖 3

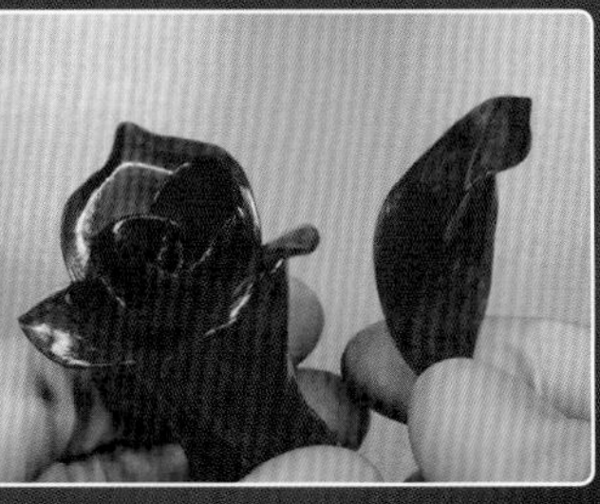

3 拉出玫瑰花瓣後，再沾糖漿或燒酒精燈黏起，拉一片、黏一片

4 組合、黏好玫瑰花

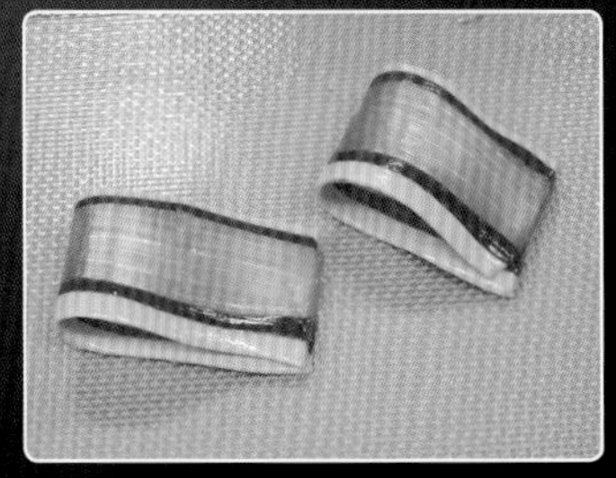

5 拉出綠色緞帶，黏於玫瑰花底作，並拉出幾根綠線條裝飾，完成

步驟 Tip *Step by step*

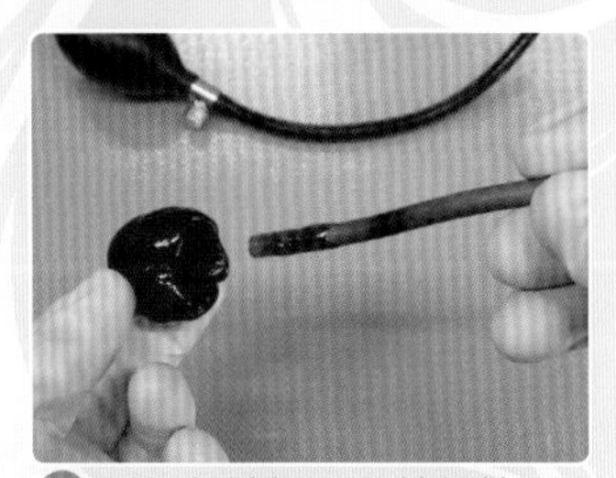

❶ 取紅色糖糰，黏於銅管

❷ 需待糖糰降溫再將糖糰吹圓，要慢慢吹

❸ 加熱銅管

❹ 取下糖球

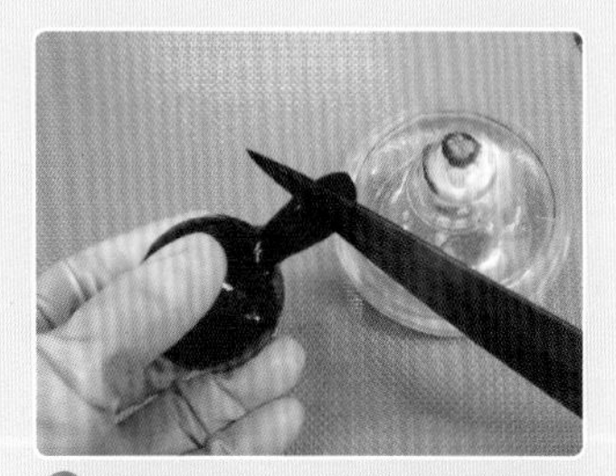

❺ 燒熱刀片，切除糖球的頭部餘糖

❻ 糖球的頭部修飾有三種方式：
（1）用加熱燈炮烤軟
（2）用酒精燈燒軟
（3）用熱風槍吹軟

❼ 三種方式都可，然後再稍作按壓糖球頭部

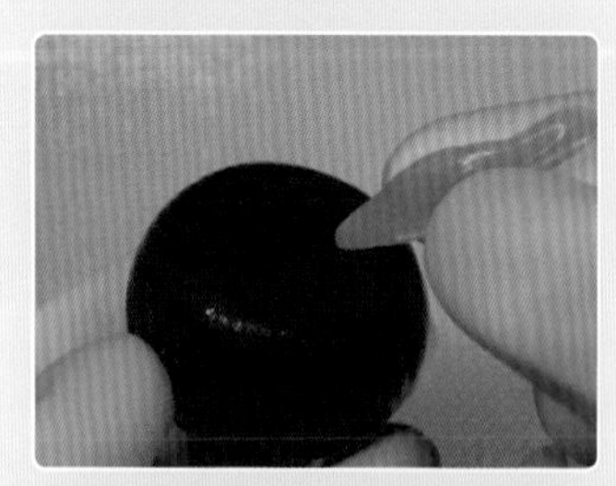

❽ 修飾好的番茄接黏上番茄小葉，完成

小黃瓜

步驟 Tip *Step by step*

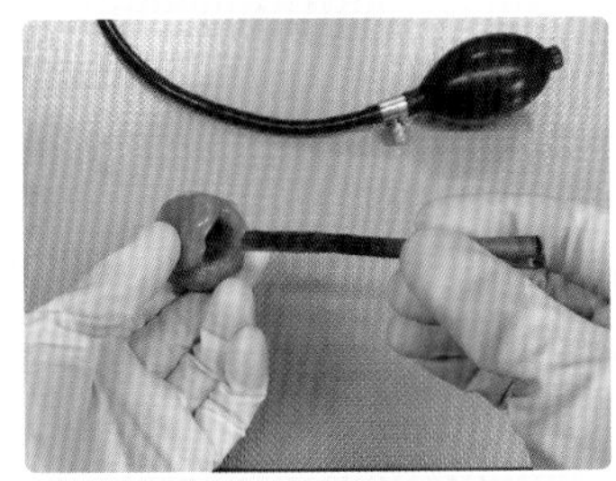

❶ 取綠色糖糰，黏於銅管

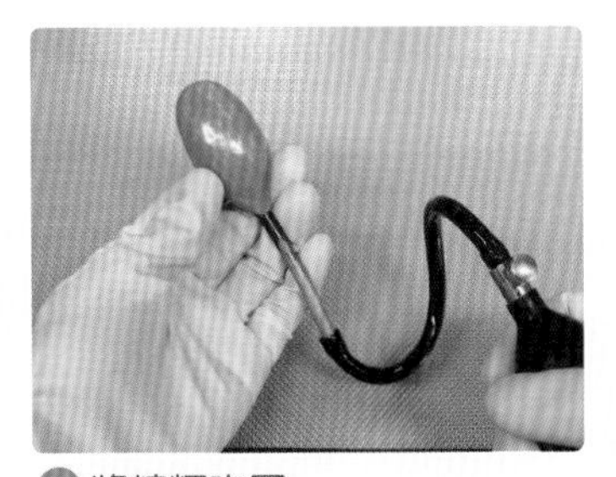

❷ 將糖糰吹圓

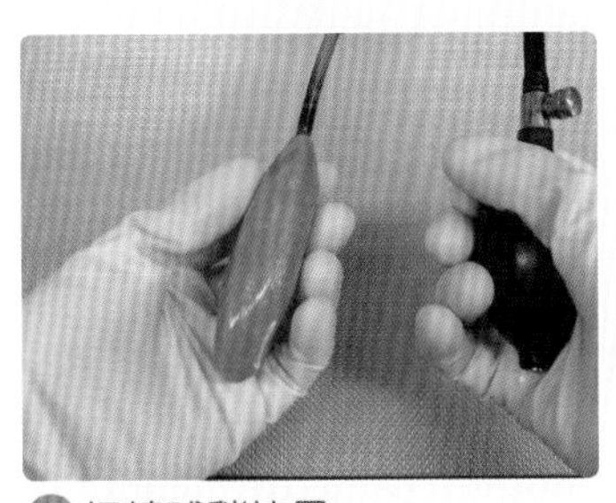

❸ 把糖球稍拉長

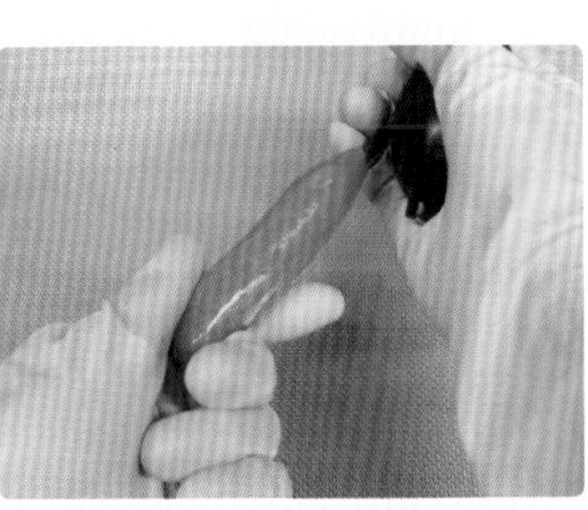

❹ 繼續將糖球拉細成小黃瓜狀

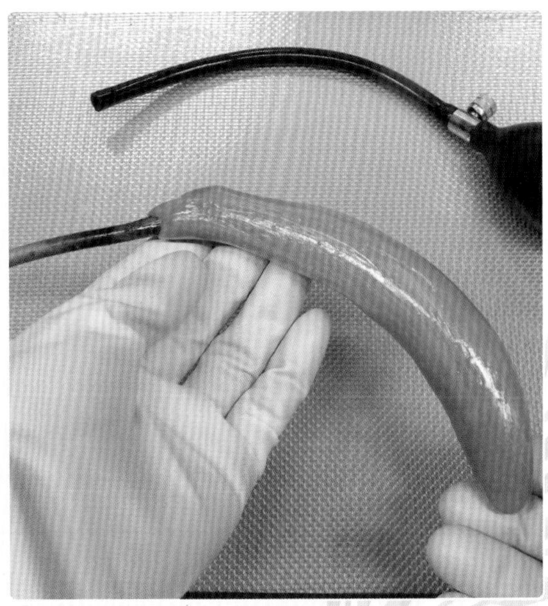

❺ 取雕刻刀加熱後，輕點於小黃瓜皮表面成有皺紋狀，再接上小黃瓜頭尾的葉子，完成

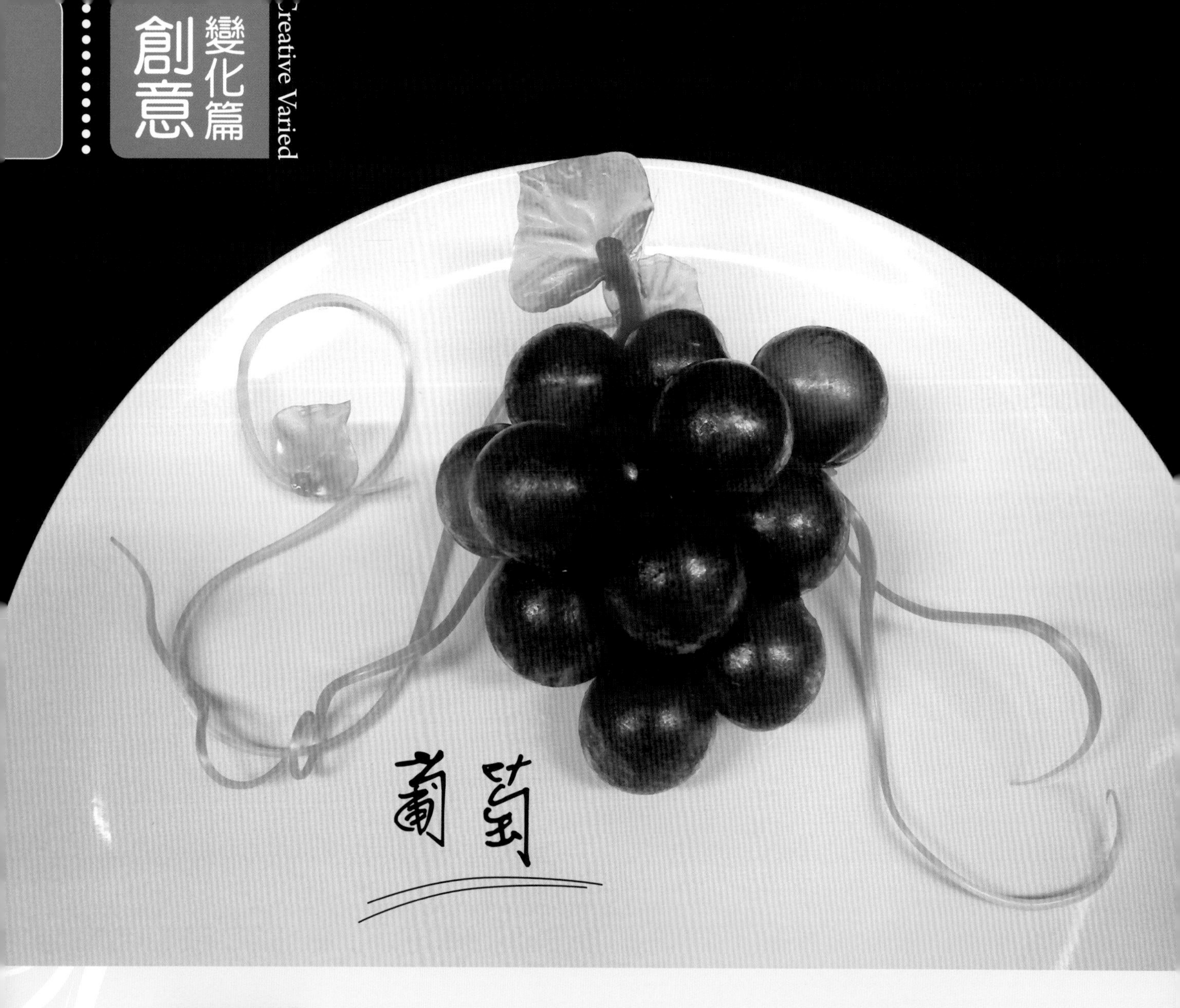

葡萄

步驟 Tip *Step by step*

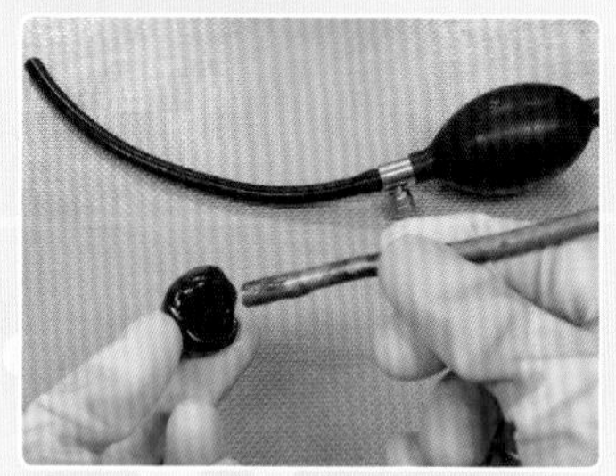

❶ 取紫色糖糰，黏於銅管

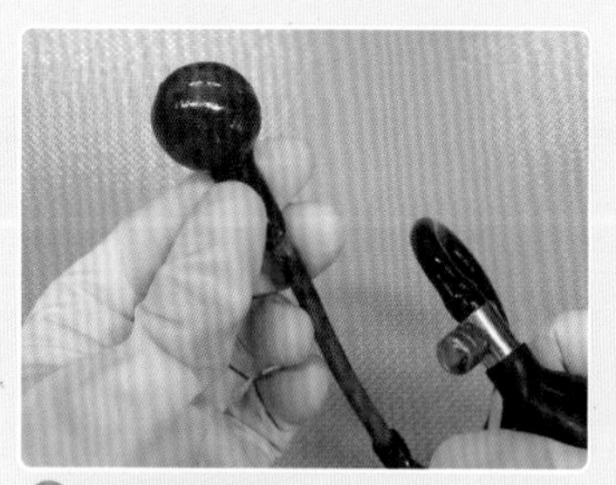

❷ 將糖糰吹圓

❸ 用小型電扇吹空心糖球，加快降溫、定型

❹ 將數個空心糖球用透明糖黏起組合成葡萄狀

❺ 用矽膠模，壓出幾片綠葉，拉出葡萄蔓藤成葡萄串，完成

Step by step

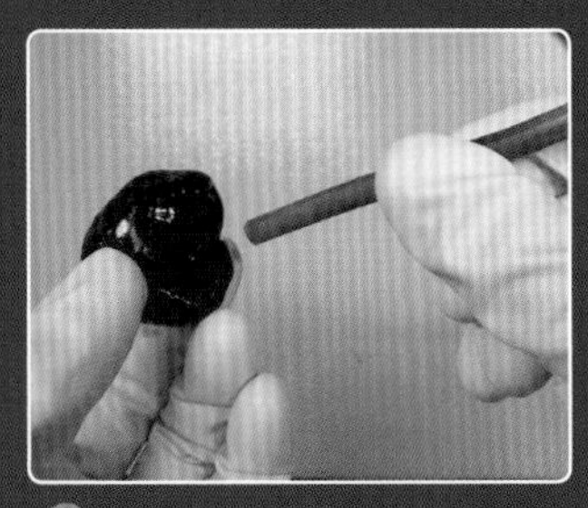

① 取紅色糖糰黏上銅管

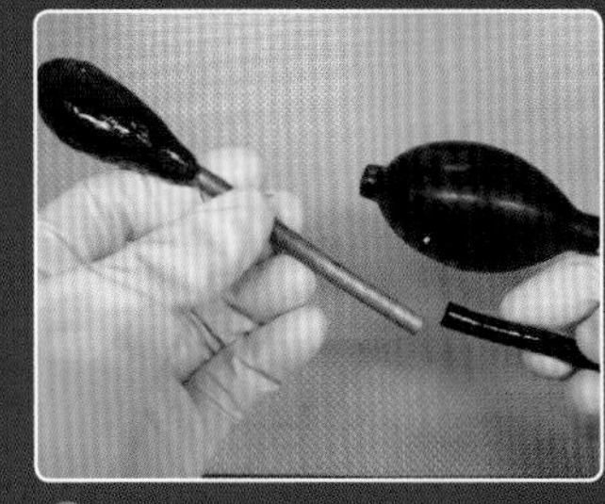

② 稍用汽囊吹成橢圓形

③ 將橢圓形糖球拉長成空心的辣椒

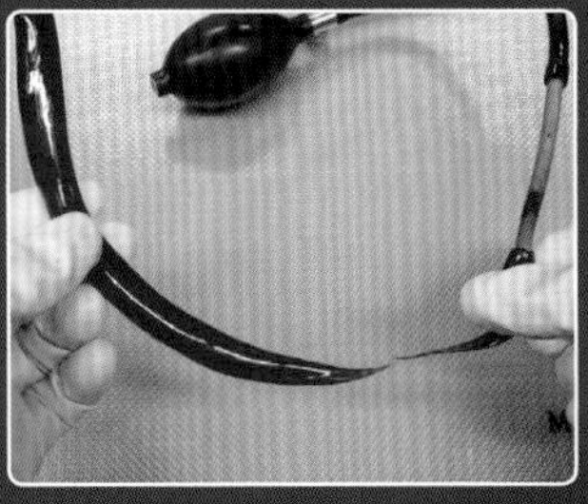

④ 將銅管前的辣椒糖拔斷，稍拉尖

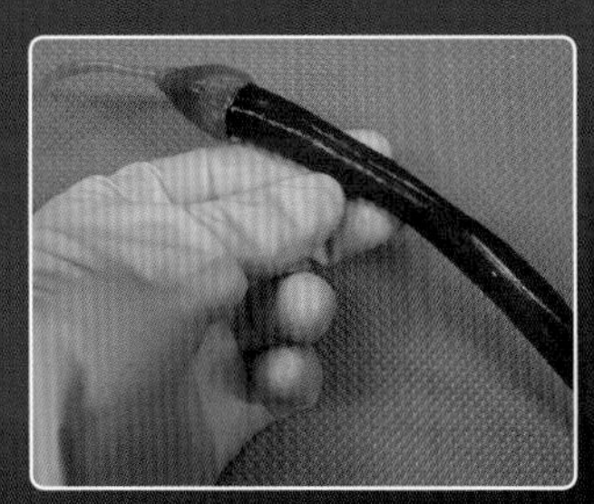

⑤ 辣椒粉頭部接上綠色梗

辣椒

⑥ 搭配糖網格裝飾，辣椒盤飾完成

竹子

❶ 取綠色糖糰接上銅管

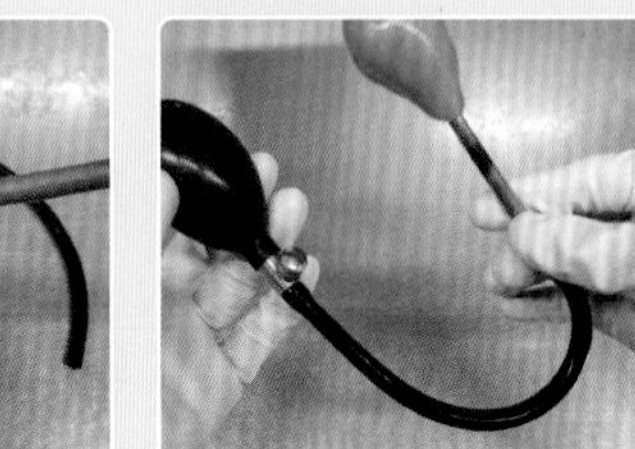

❷ 稍吹成橢圓形

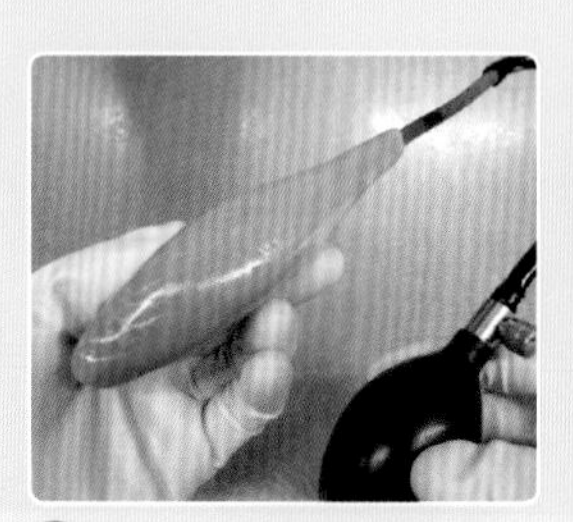

❸ 將綠色橢圓形糖拉長

❹ 成空心的糖管

❺ 燒熱銅管

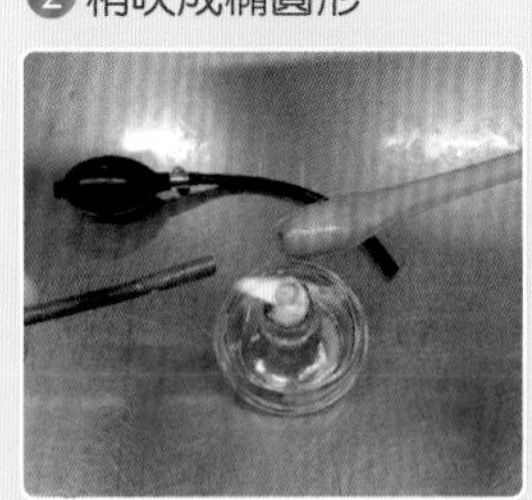

❻ 從糖管取下銅管

❼ 燒熱刀片

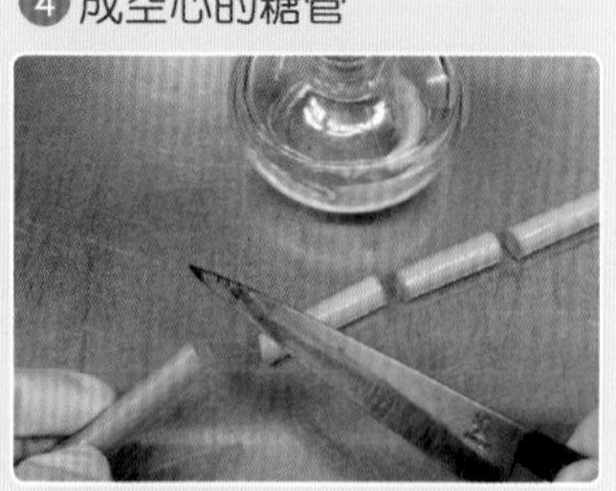

❽ 將糖管每5公分切斷

❺ 燒熱糖管，再接黏

❻ 連結後成竹子有竹節

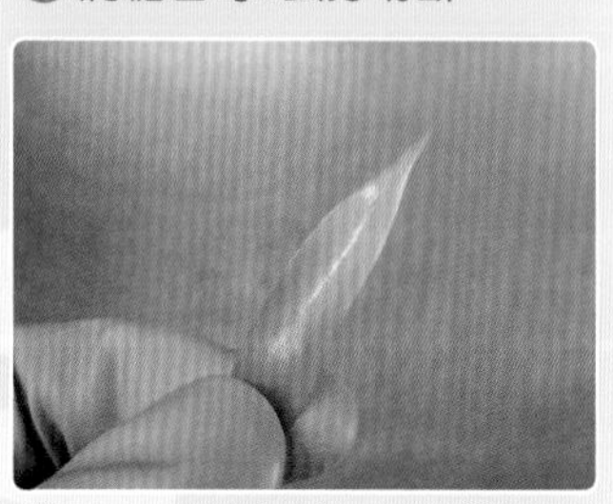

❼ 拉出竹葉片，黏上竹子糖管，成空心竹子，完成

Step by step

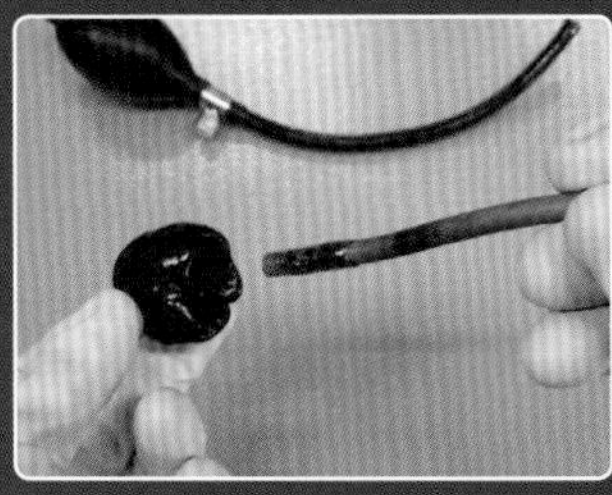
① 取紅色糖糰捏凹黏於銅管

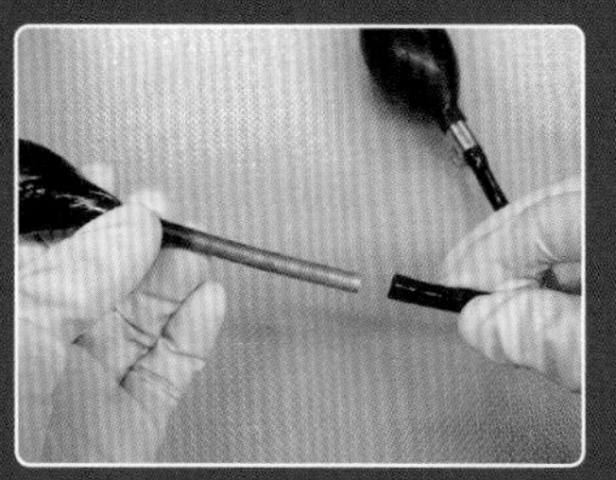
② 接上汽囊

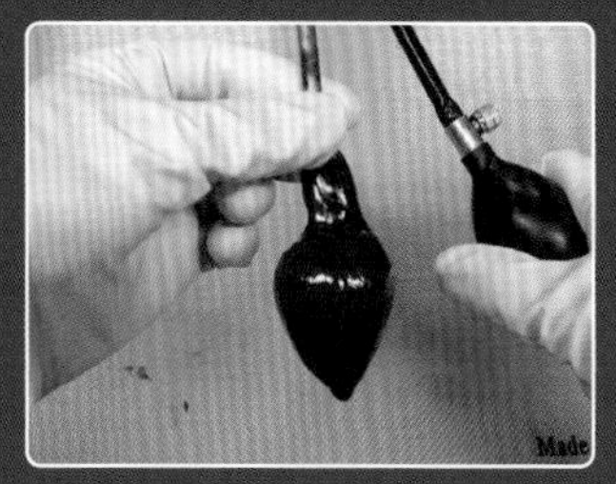
③ 吹出圓球，圓尾稍捏尖，糖球表面稍壓平

④ 成形後，銅管燒熱

⑤ 取下糖球

⑥ 燒熱刀片，切下球頭

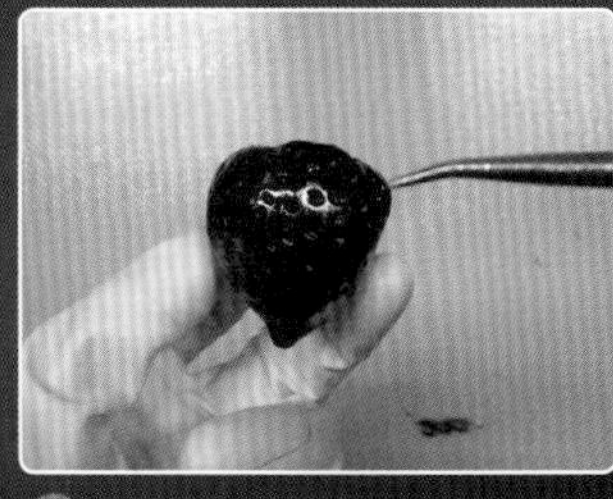
⑦ 用雕刻刀燒熱，點出草莓外表

⑧ 接黏上草莓果

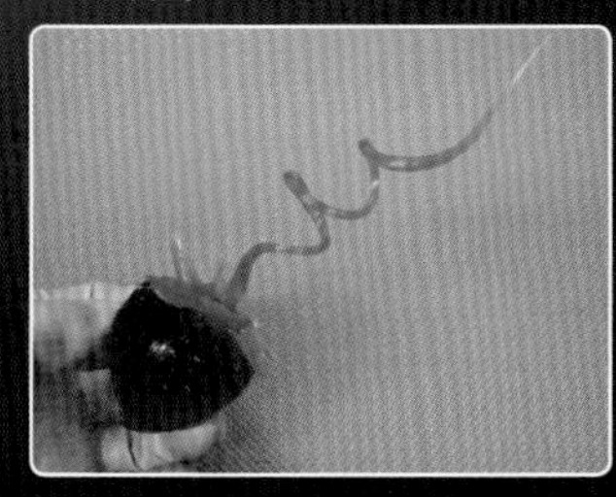
⑨ 接上綠梗

⑩ 壓出小樹葉，完成

步驟 Tip *Step by step*

❶ 取紅色糖糰

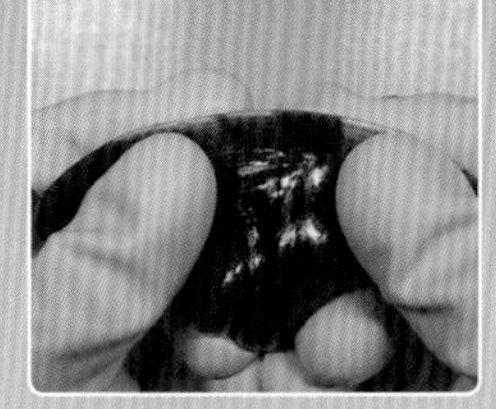

❷ 將糖糰按亮

❸ 拉出約1公分的蔥形葉，要薄越亮

❹ 稍彎曲紅色蔥形葉的頁尖

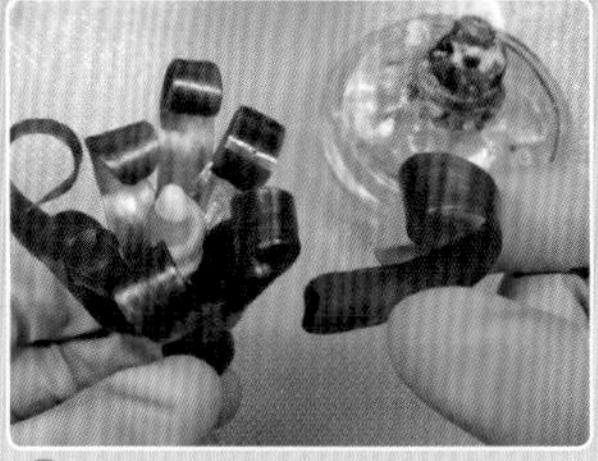

❺ 花中心取個圓錐形糖體，接黏上數片紅色蔥形葉

❻ 成紅色繡球花外圍花片不需規則，黏完後將繡球花倒立，等稍固定後，再微調花瓣

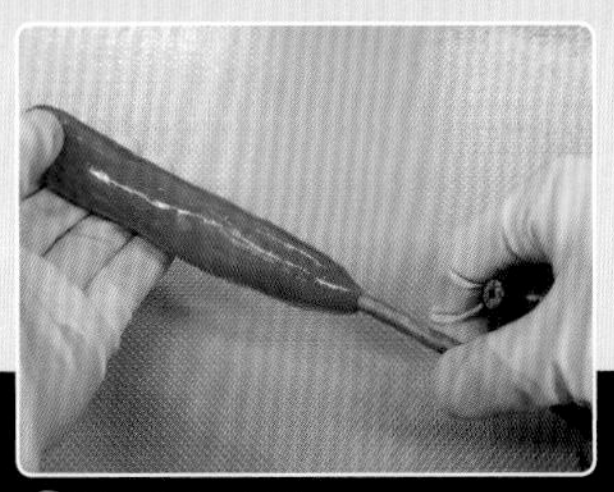

❼ 吹出空心竹

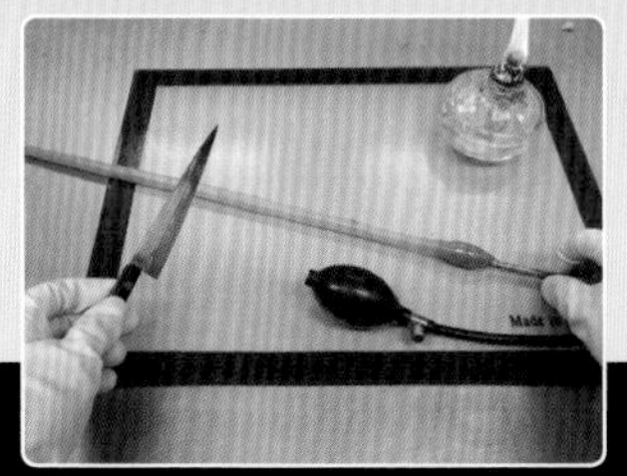

❽ 將空心竹切成數段

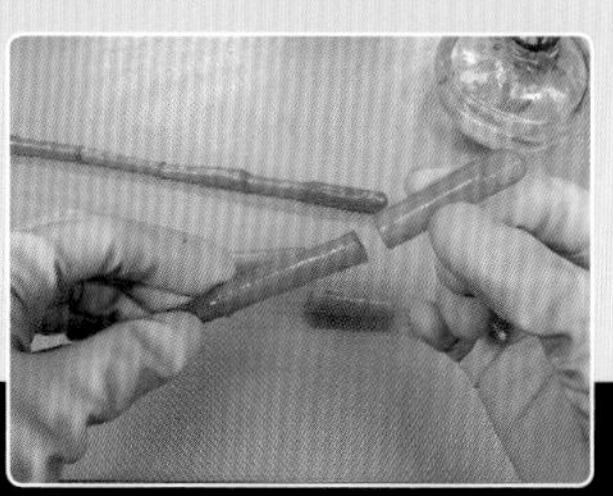

❾ 再黏結成竹子形

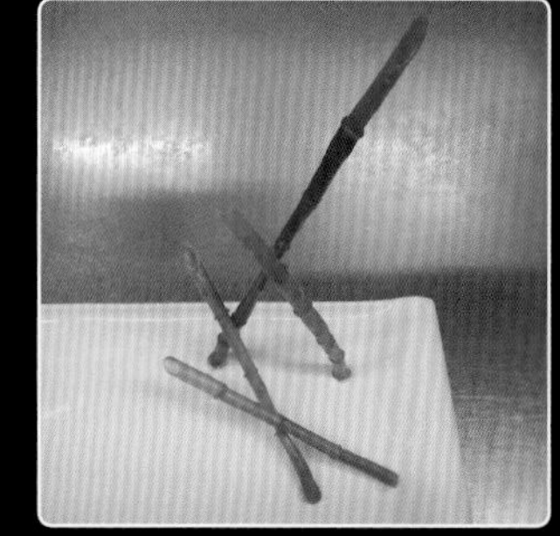

❿ 燒熱透明糖，黏於盤上，固定好竹架，黏上紅繡球花，完成

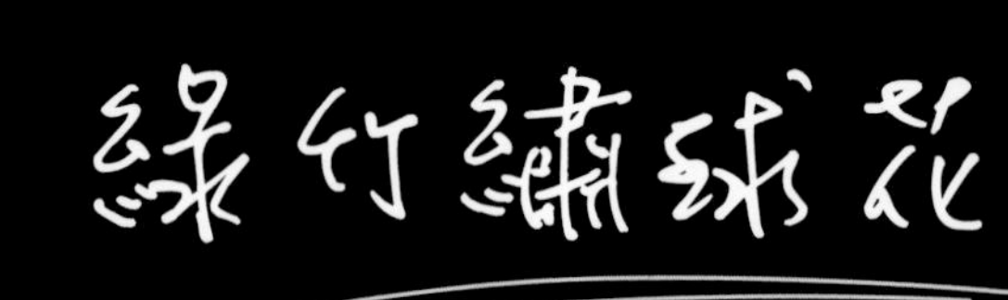

開運竹

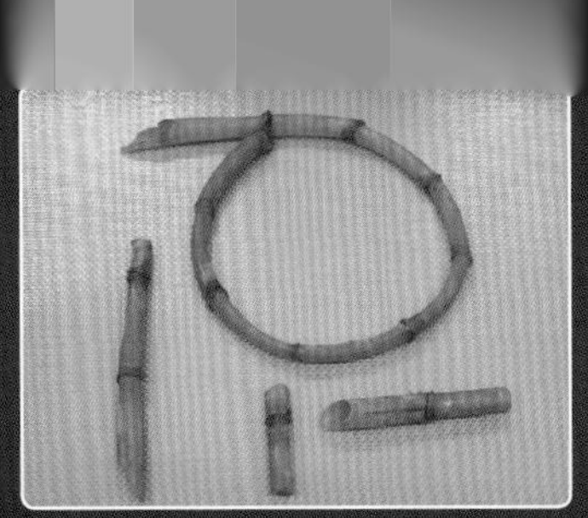

1 吹出空心竹捲成圓形，再切段黏回去

2 將圓形竹黏於盤上，竹節部可用上色機噴管上些褐色

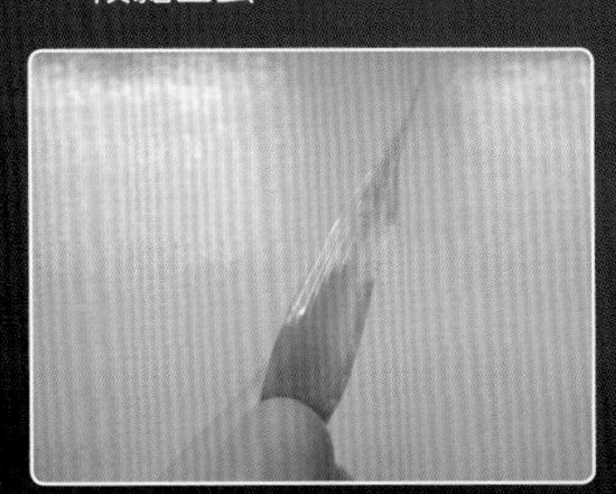

3 拉出薄竹葉

4 接上竹葉的葉梗

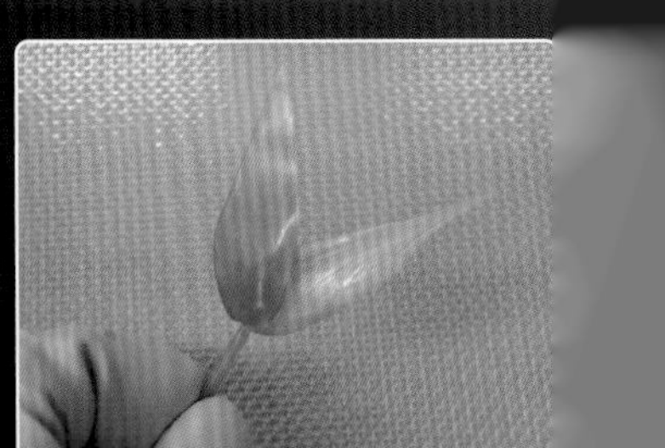

5 組合黏上竹葉，完成

櫻桃

步驟 Tip Step by step

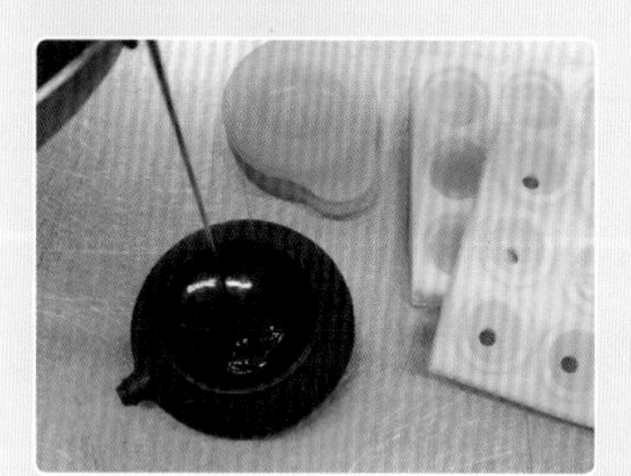

❶ 融紅色糖漿倒入矽膠軟拉線壺內

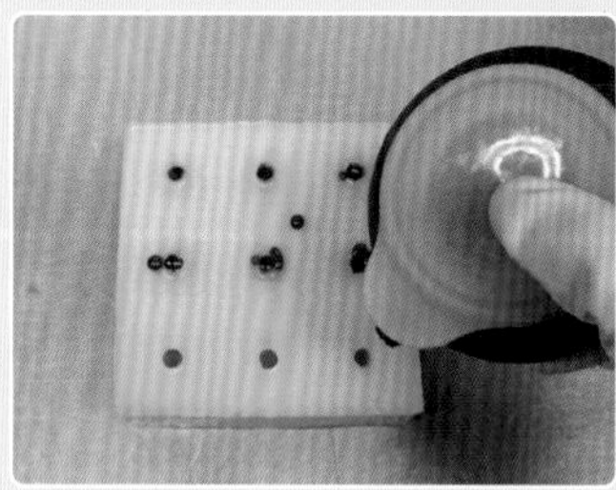

❷ 將糖漿倒入矽膠櫻桃模具用，也可用湯匙小心的倒入

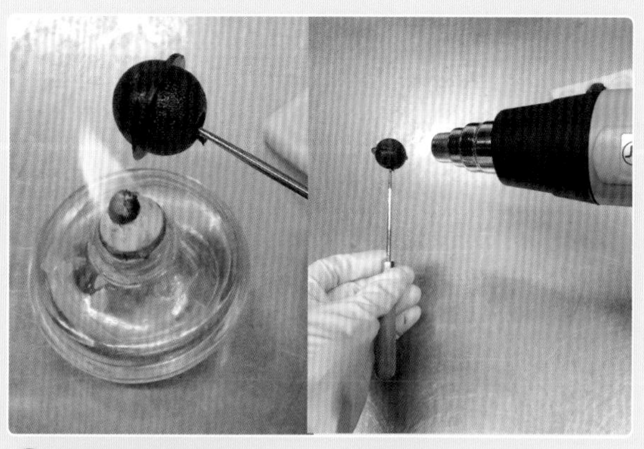

❸ 櫻桃表面的處理：
（1）冷卻後取下櫻桃，用酒精燒熱，修飾櫻桃表面
（2）或用熱風槍，燒熱修飾櫻桃表面

❹ 光亮的櫻桃糖球

❺ 用透明糖拉亮後，捲曲綁於櫻桃梗，於於櫻桃糖上

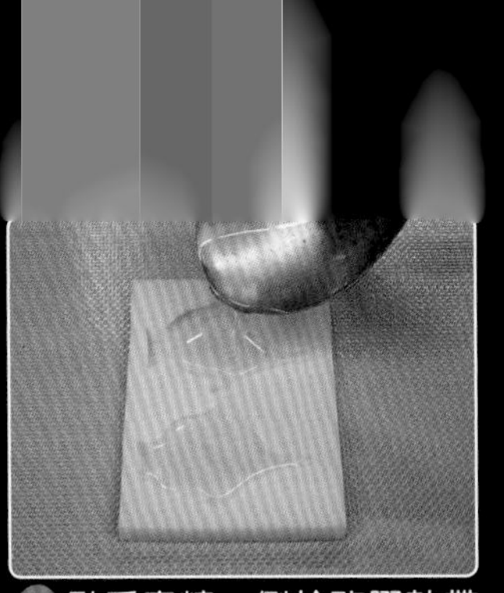
❶ 融愛素糖，倒於矽膠熱帶魚模具

❷ 透明的熱帶魚出模用上色機，噴上色素，配上珊瑚糖，完成

熱帶魚

步驟 Tip Step by step

❶ 取南瓜矽膠模具，倒入糖漿

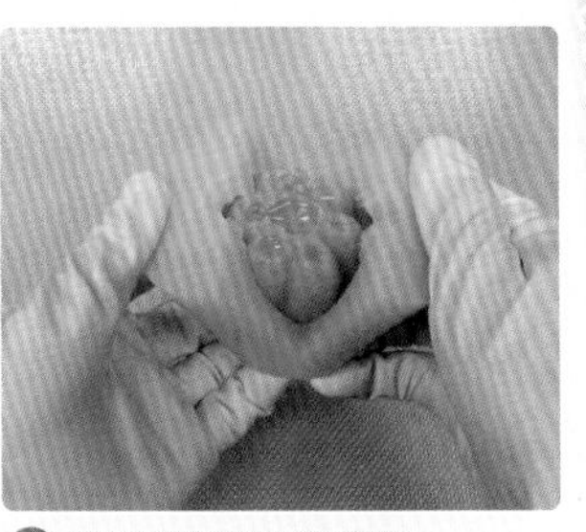
❷ 待冷卻後取下南瓜

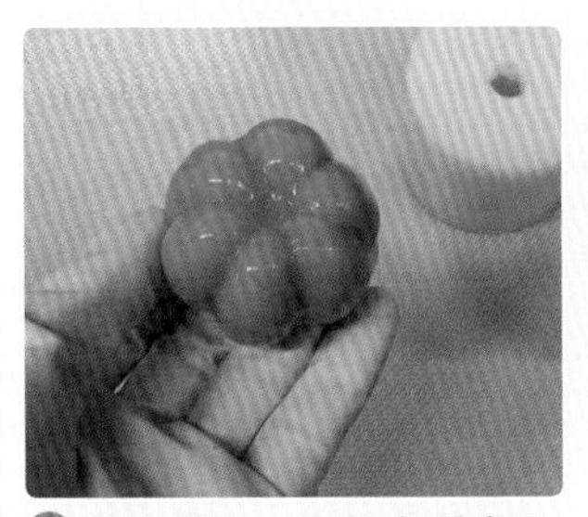
❸ 用熱風槍，條飾南瓜表面至光亮

❹ 接黏上綠葉，完成

南瓜

福字

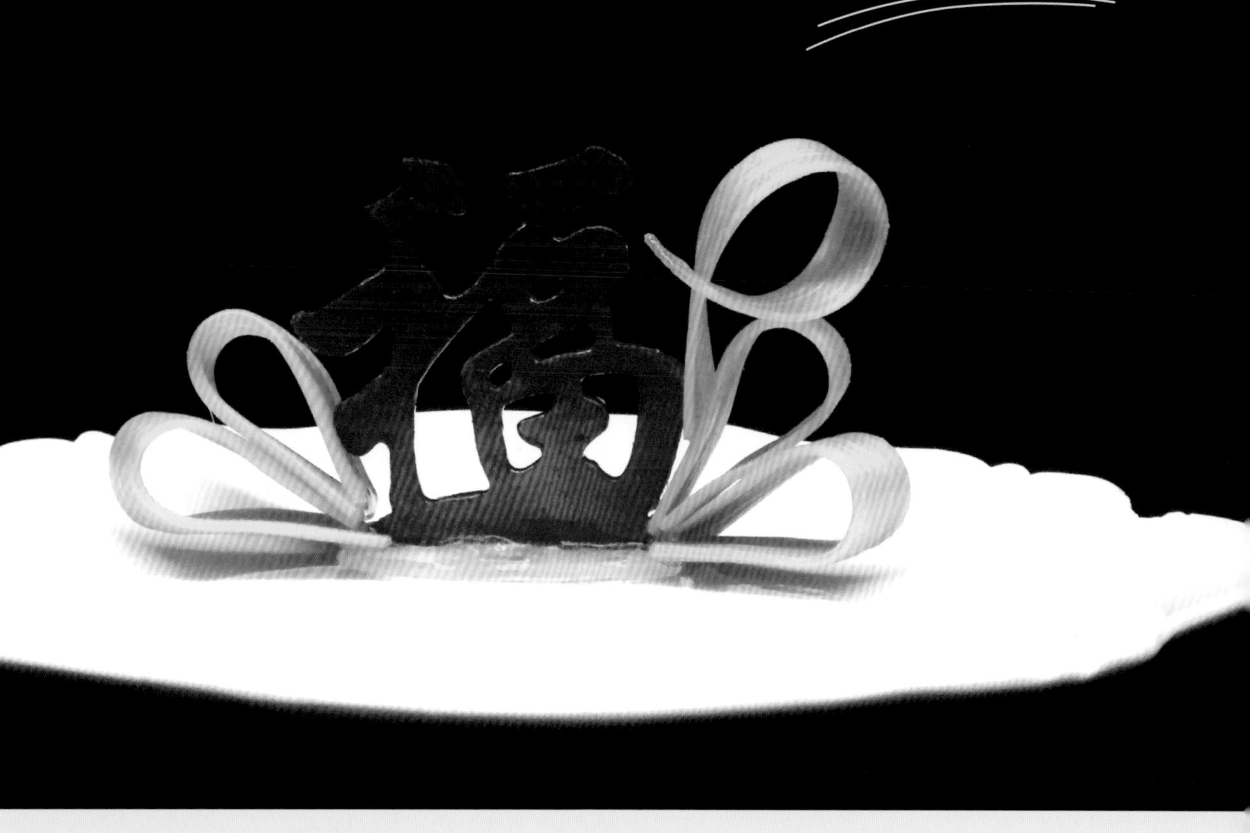

Step by step

❶ 取黃色糖糰拉至光亮

❷ 拉出三根糖棒

❸ 將3根糖棒併排合起

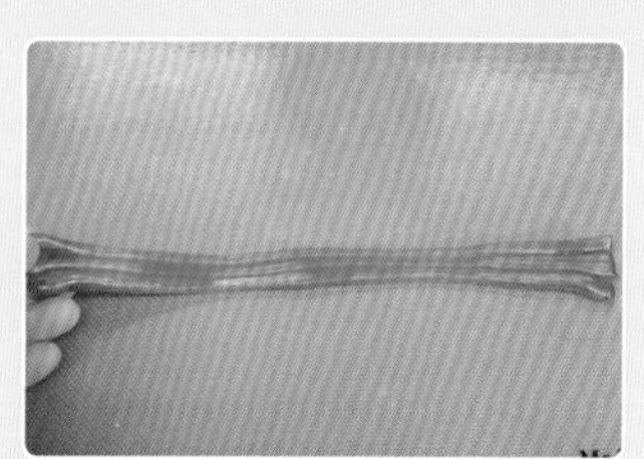

❹ 拉長合併的糖片

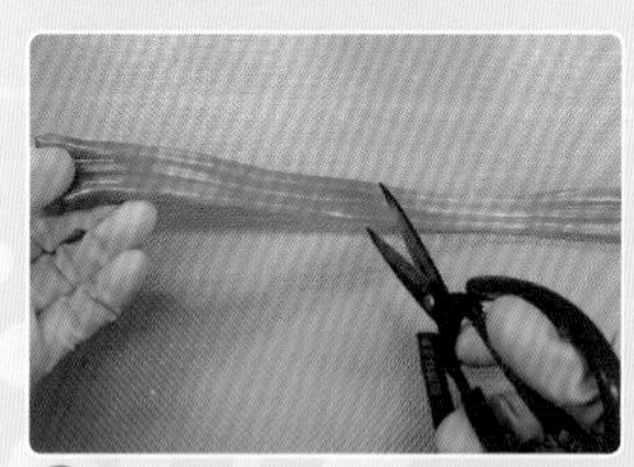

❺ 用剪刀剪斷糖片

❻ 成2切糖片

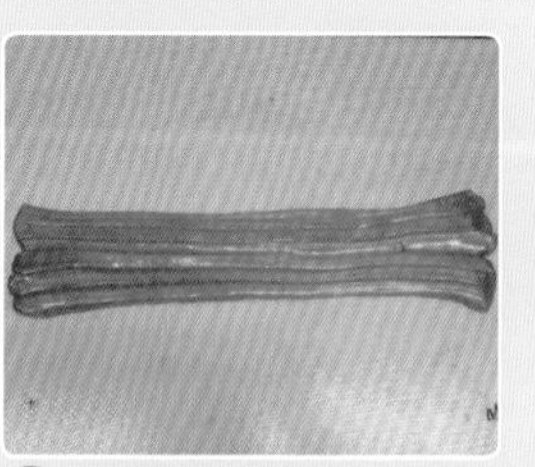

❼ 再將2片糖併排合起

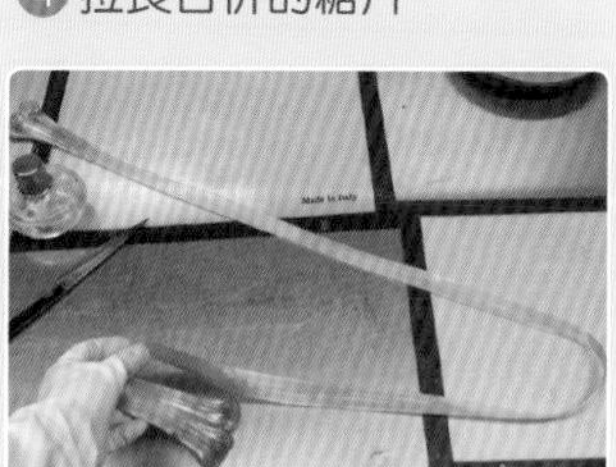

❽ 拉長、拉薄成光亮的鍛帶

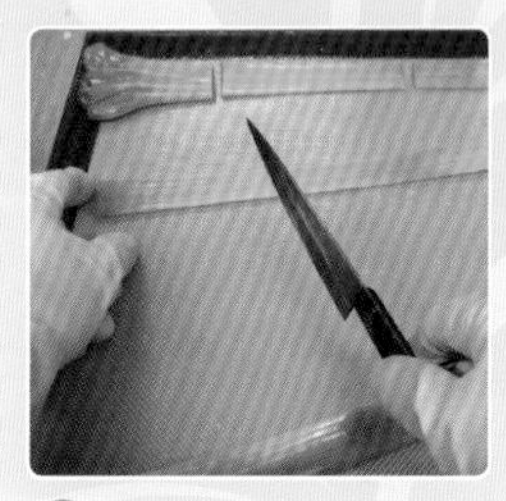

❾ 燒熱刀片，裁剪約10公尺長

❿ 緞帶彎曲方式：
（1）用加熱燈炮烤軟，鍛帶對摺
（2）或用熱風槍吹軟對摺

⓫ 融糖倒入矽膠模具

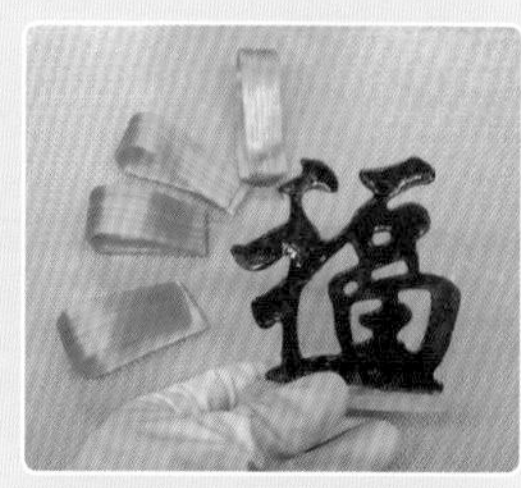

⓬ 取幾片鍛帶和福字黏於透明底作

Step by step

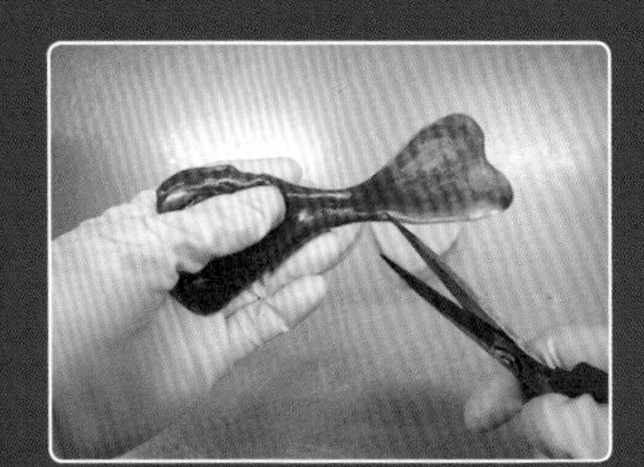
1 取紅色糖糰，拉出葉形

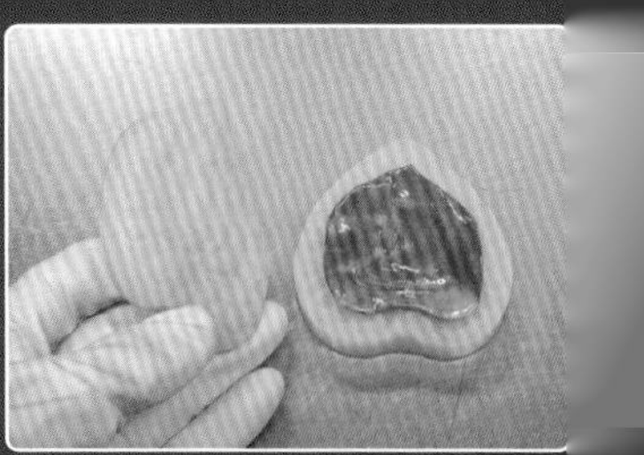
2 放於矽膠模具上，若葉片太硬，可用加熱燈照軟，再壓

3 壓出火鶴的葉子

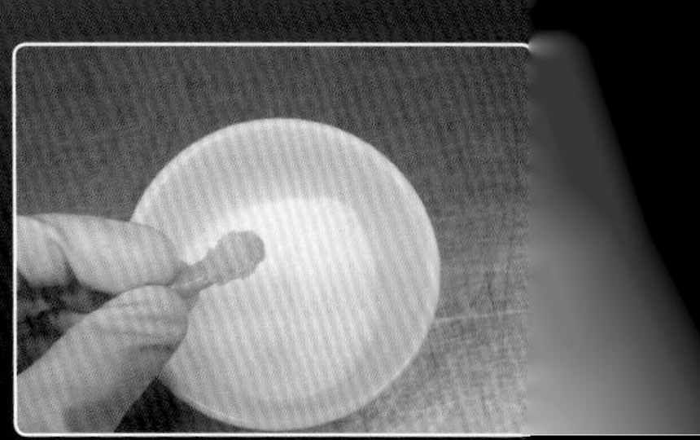
4 取根糖棒，沾上特砂糖

5 黏於火鶴葉上

6 接上綠莖和綠葉，完成

步驟 Tip *Step by step*

❶ 融紅色糖漿倒入模具

❷ 取透明糖拉至光亮銀色，作成銀色緞帶，捲成心形，黏上囍字於透明底作。

囍字

Step by step

❶ 融透明糖漿，倒入矽膠模具

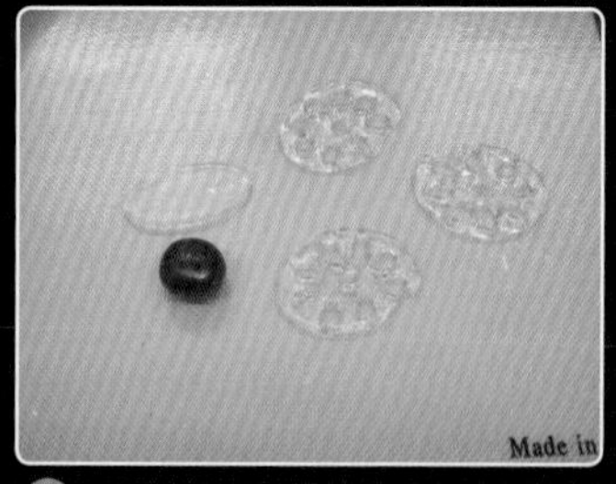

❷ 取出透明蓮藕糖片，用上色機噴上色素，將蓮藕片黏於底作上，完成

蓮藕

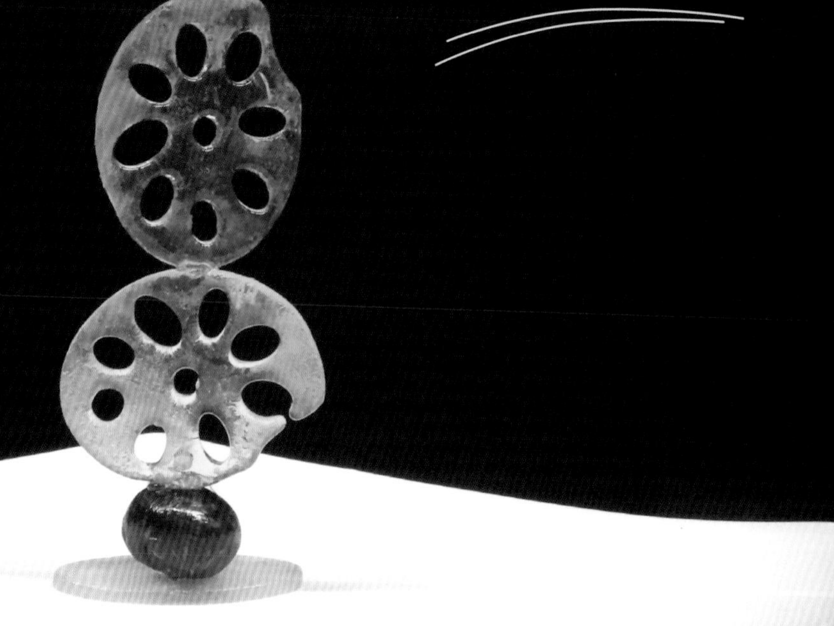

牽牛花

步驟 Tip Step by step

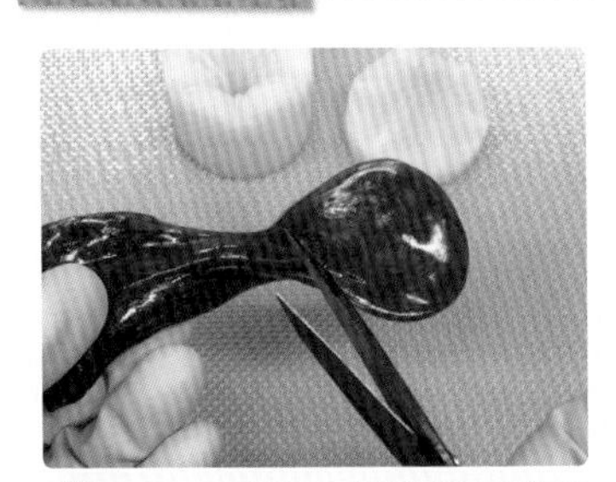
❶ 取紫色糖糰，捏成圓形剪下

❷ 放於矽膠模具（可再用加熱燈炮烤軟些）

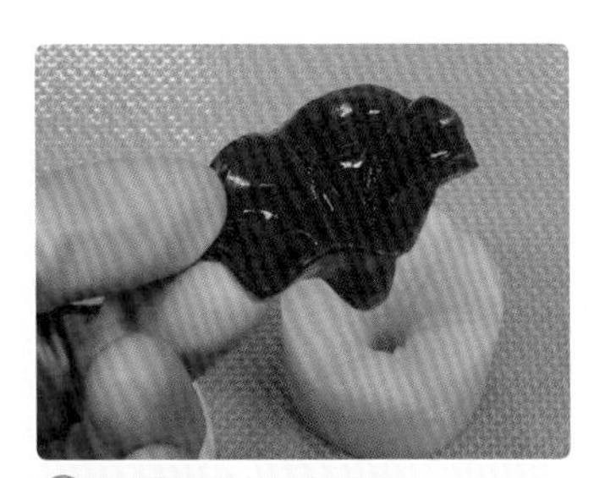
❸ 壓模後的牽牛花朵

❹ 黏上黃色花蕊糖棒

❺ 壓出綠葉片，取2根綠梗將牽牛花黏起組合，完成

蘑菇

步驟 Tip *Step by step*

❶ 融紅色糖漿倒入矽膠壺內

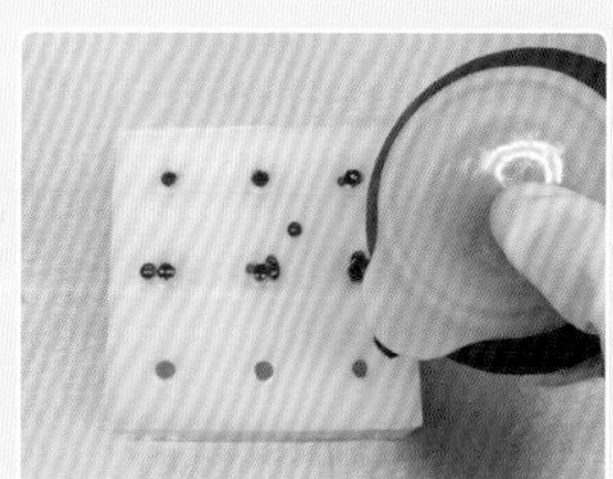

❷ 倒入櫻桃模具

❸ 取出圓形糖球，燒熱刀片，切除糖球3分之1

❹ 插起糖球（鐵針需稍加熱）

❺ 用水精燈燒去多餘的殘糖

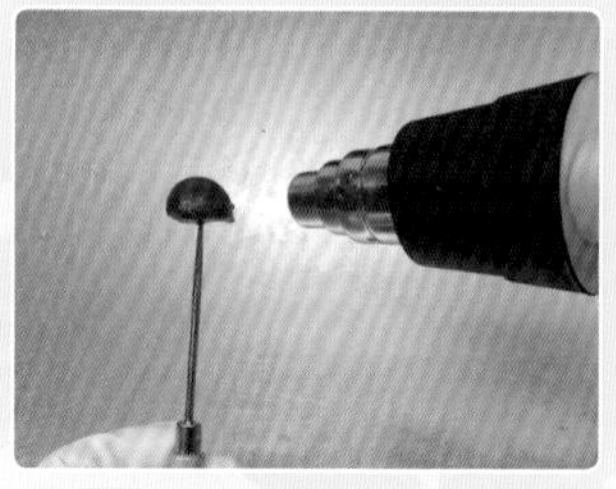

❻ 或用熱風槍吹除殘糖，使糖球表面光亮

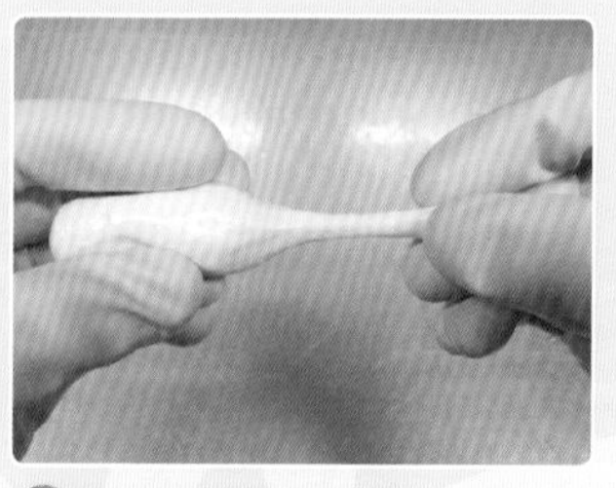

❼ 拉出白色磨菇梗

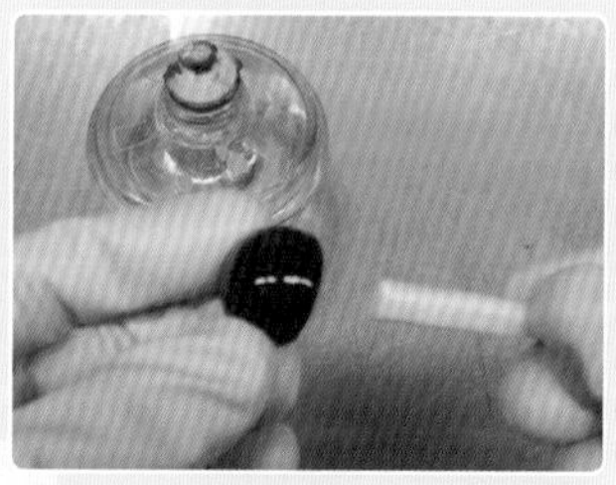

❽ 黏起成磨菇，取黃色糖作成小圓石頭狀，沾上染有綠色素的特砂，完成

蝴蝶

步驟 Tip Step by step

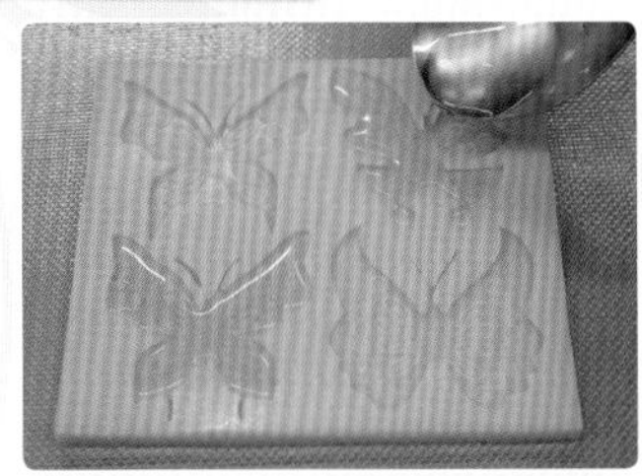

1 融透明愛素糖倒入矽膠模具

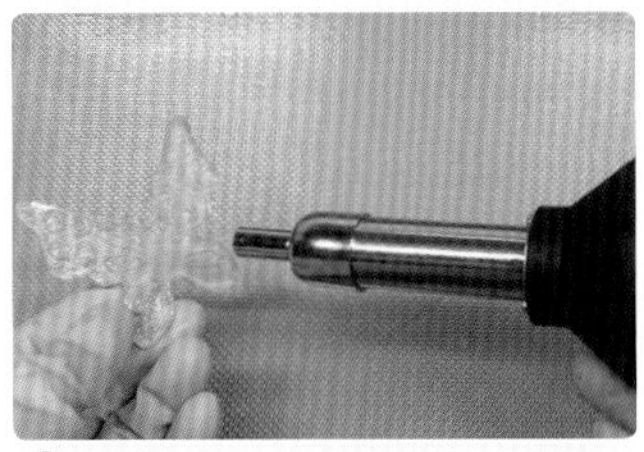

2 出模後，未冷卻前，稍將蝴蝶翅膀彎曲定型，或用熱風槍加熱彎曲

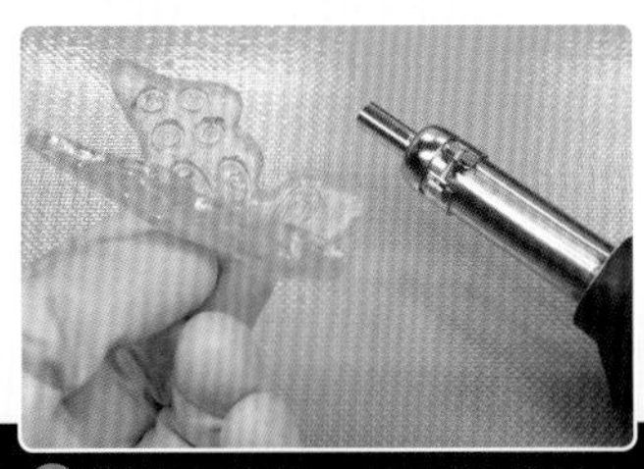

3 蝴蝶定型後，拉出細糖絲，接黏上蝴蝶鬚，用上色機噴上顏色，完成

孔雀羽毛

Step by step

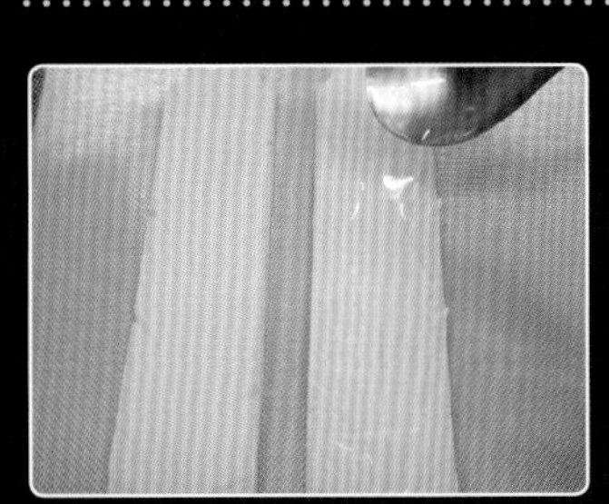

1 融透明愛素糖，倒入矽膠模具

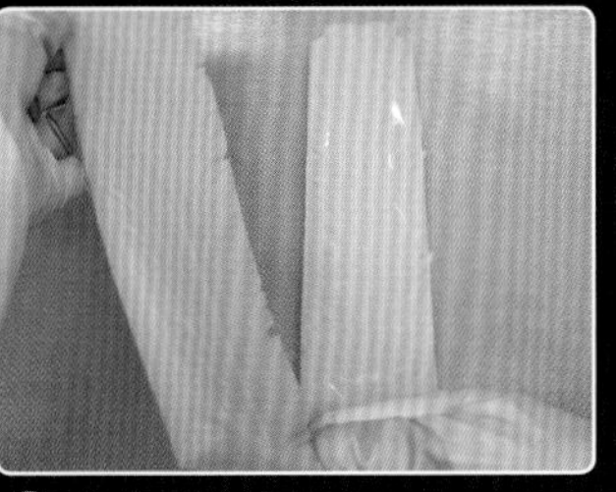

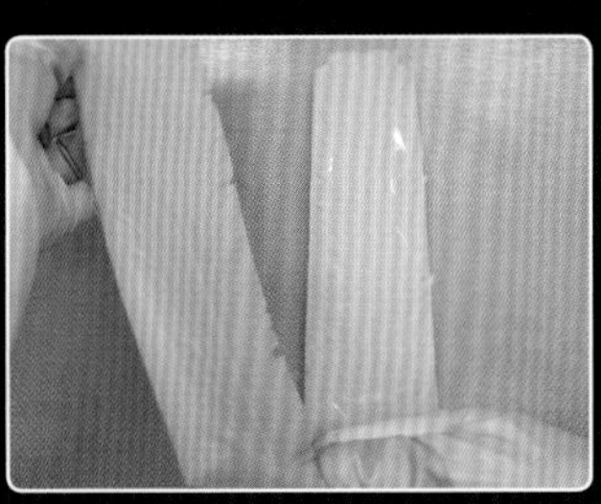

2 將模具對齊

3 用力壓緊模具

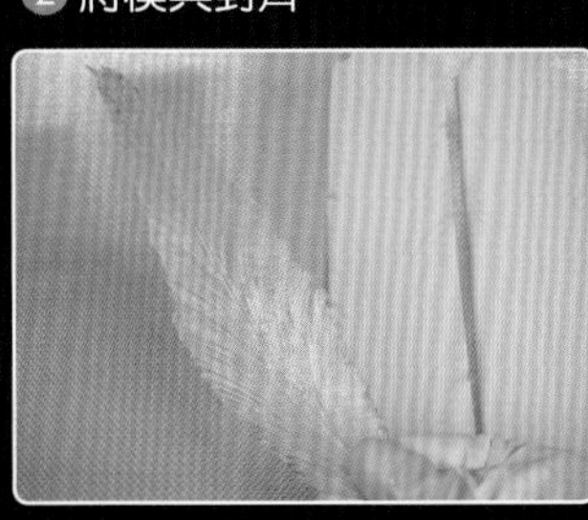

4 趁未完全冷卻變硬時，取下孔雀鳥羽毛，稍彎曲孔雀鳥羽毛

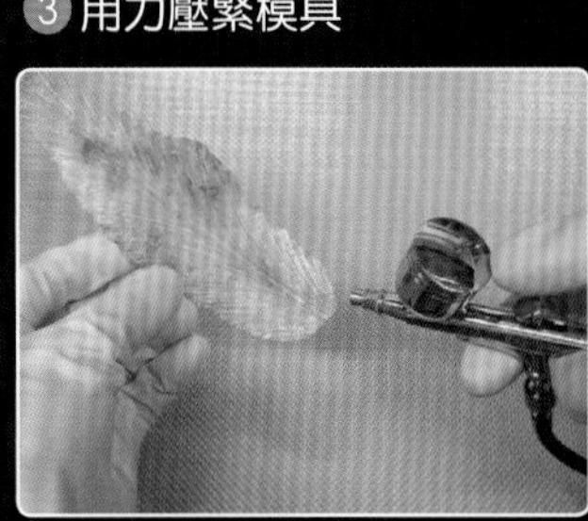

5 用上色機，噴上素色顏色，拉出一些細糖絲，排於羽毛旁，完成

牡丹

Step by step

❶ 牡丹花矽膠模具

❷ 融糖後倒入模具內，糖需加白色色素，再調其他顏色色素，完成

Step by step

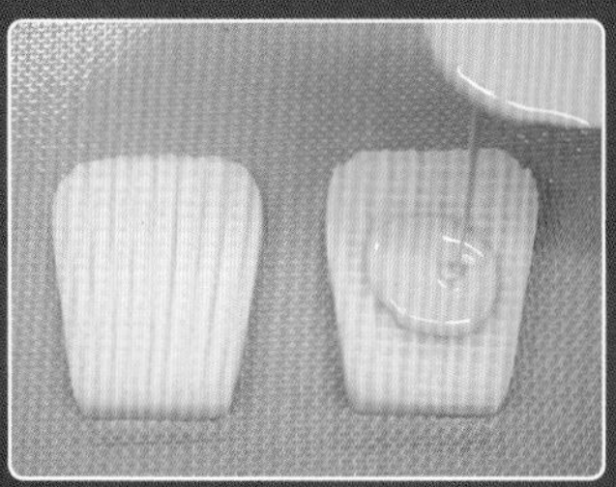

1 融愛素糖加白色素，加黃色素，倒入矽膠模具

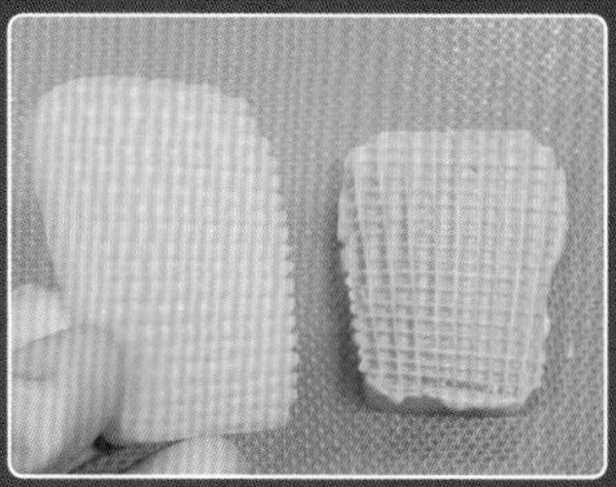

2 壓出玉米形

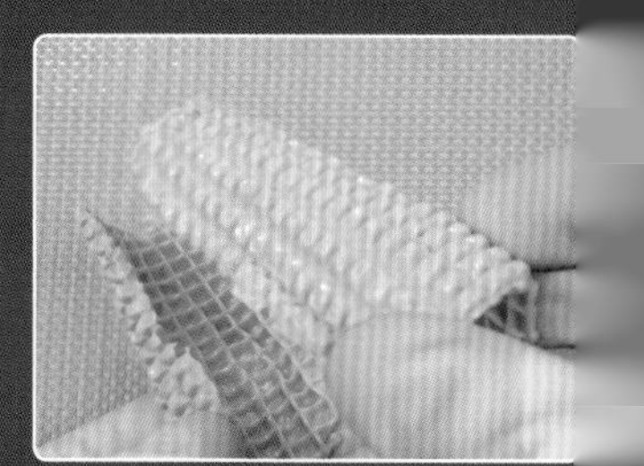

3 將2片玉米稍彎曲合成圓柱狀

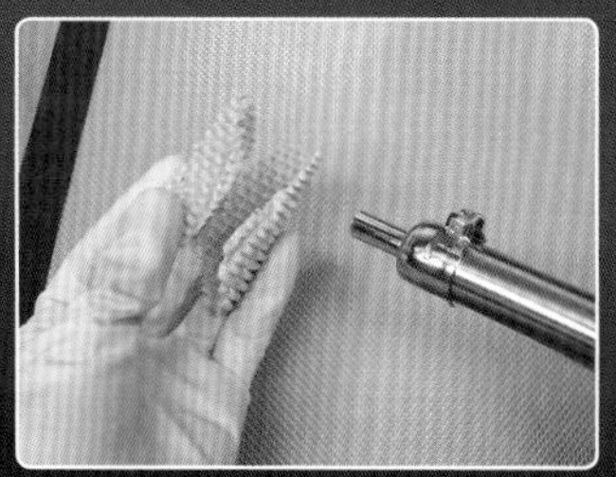

4 用熱風槍吹軟玉米邊

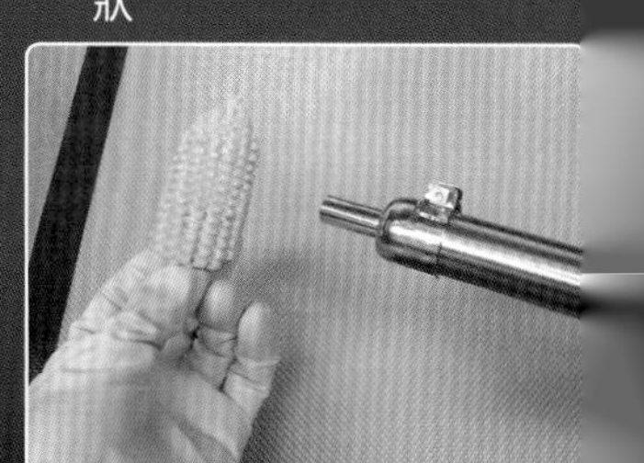

5 黏起合成玉米條

6 玉米頭修飾成尖形

7 取綠色糖作玉米皮，捏出幾顆玉米粒，完成

高跟鞋

步驟 Tip *Step by step*

❶ 融糖後倒入高跟鞋模具，模具下需鋪矽膠工作墊

❷ 鞋底出模後，再加熱燈烤軟，彎曲鞋底

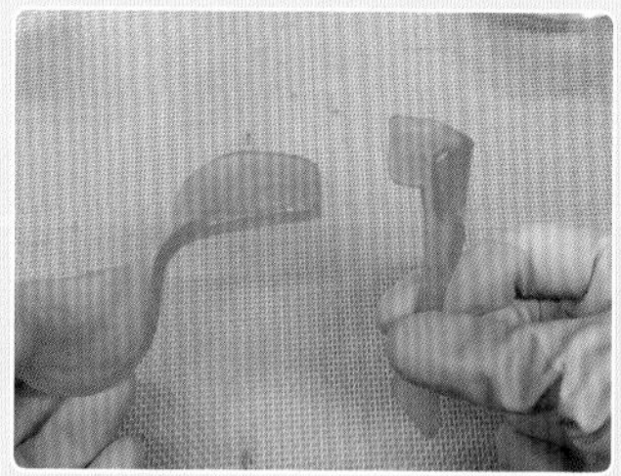

❸ 鞋根彎曲後黏上

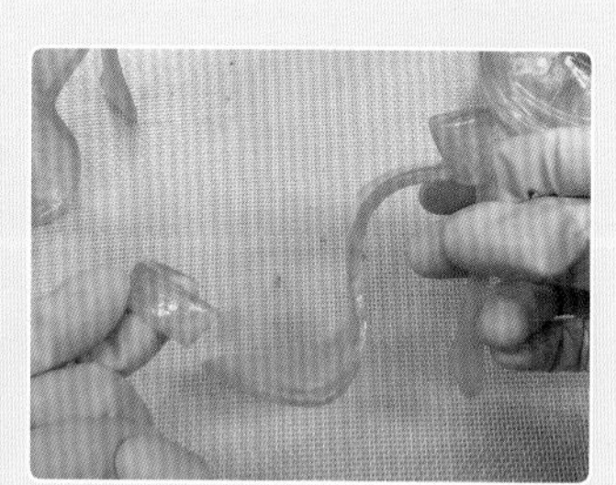

❹ 鞋帶彎曲後黏上

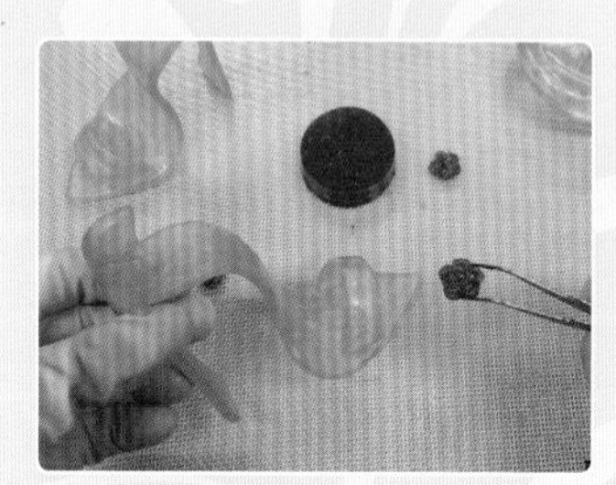

❺ 黏上鞋帶小花朵

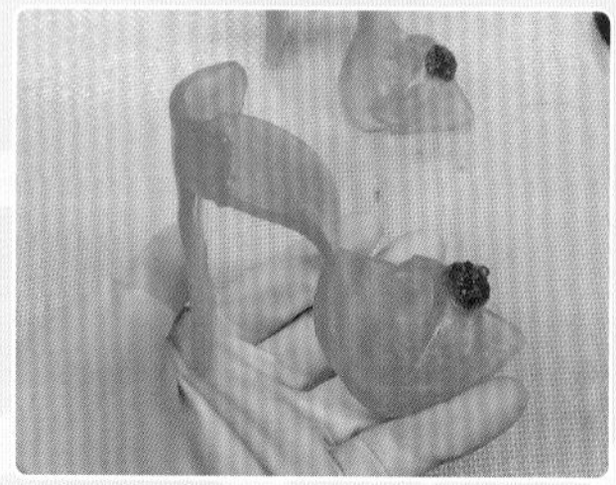

❻ 完成的高根鞋

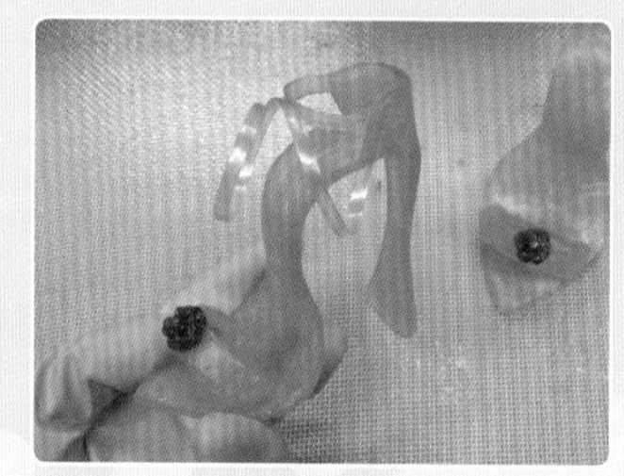

❼ 再接上細鞋帶繩子

❽ 用支架條作出鞋架，掛上高根鞋，完成

步驟 Tip *Step by step*

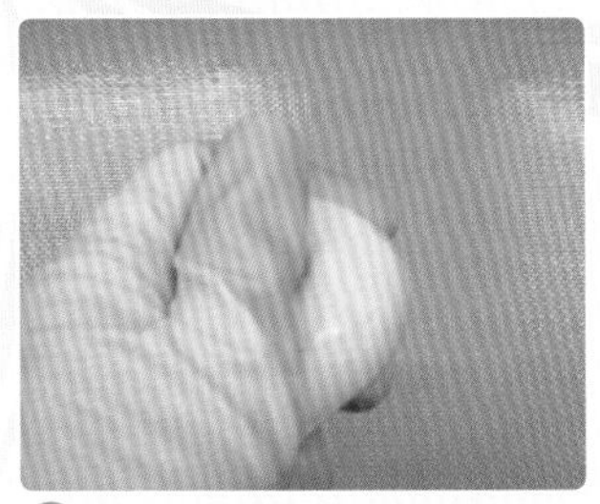

❶ 取白色糖糰，也可用透明糖團

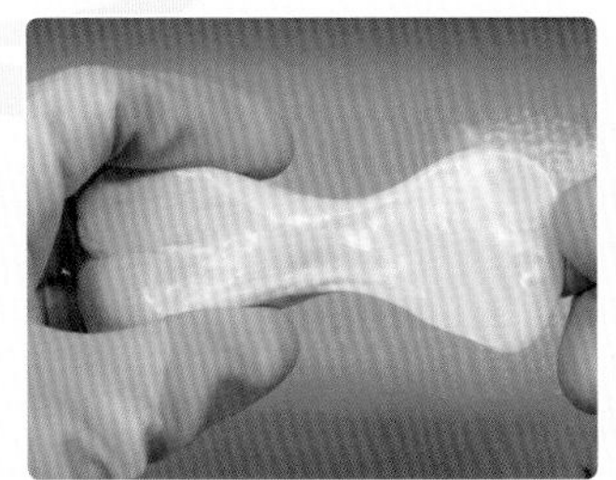

❷ 拉出葉片

❸ 用牡丹花瓣模具，壓出牡丹花瓣

❹ 由小壓到大花瓣數片

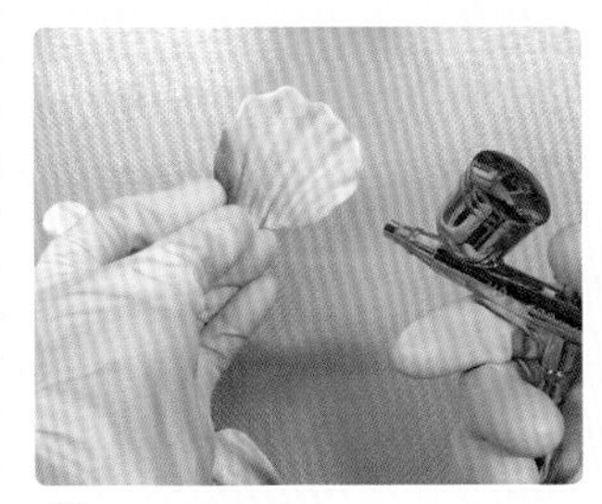

❺ 再用上色機噴上紫色色素

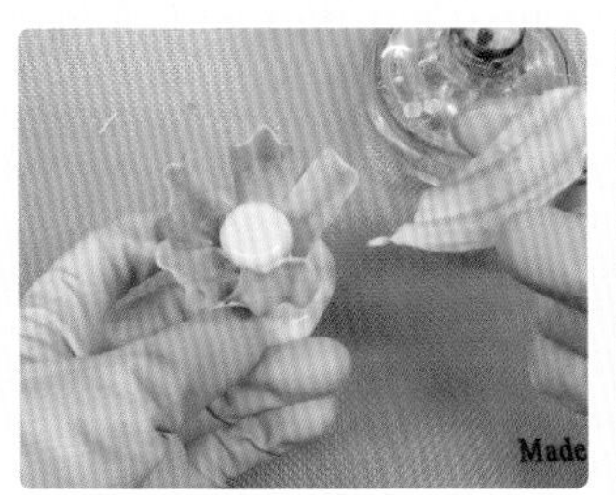

❻ 將花瓣組黏起

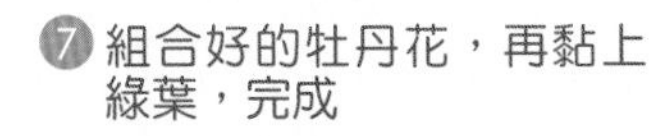

❼ 組合好的牡丹花，再黏上綠葉，完成

花開富貴

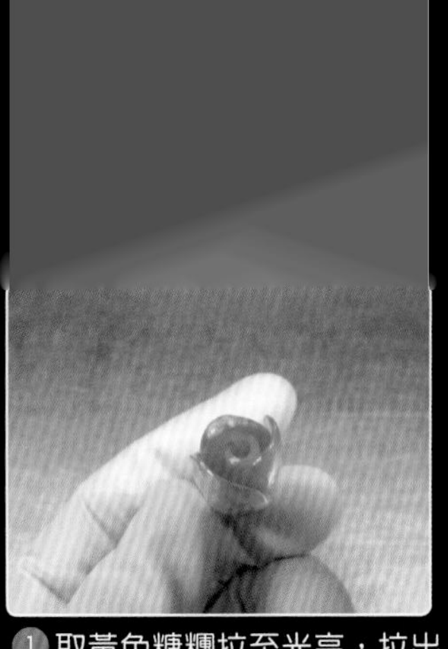

❶ 取黃色糖糰拉至光亮，拉出幾片小葉捲起作玫瑰心

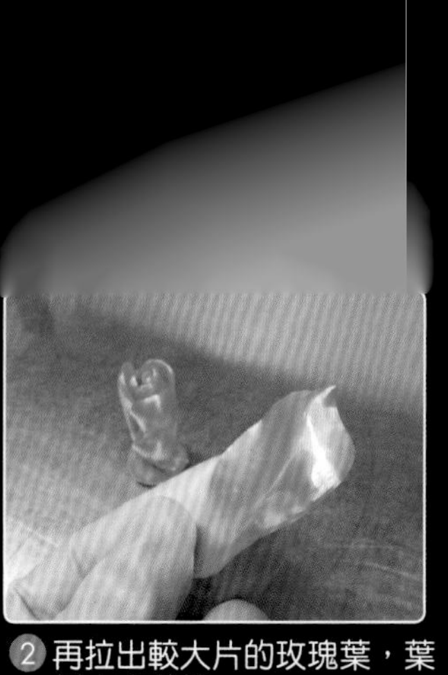

❷ 再拉出較大片的玫瑰葉，葉瓣上方稍捲

❸ 在加熱燈下，將烤軟花瓣的底，一片一片黏上組合成玫瑰花，也可將花瓣葉底用酒精燈燒熱黏上

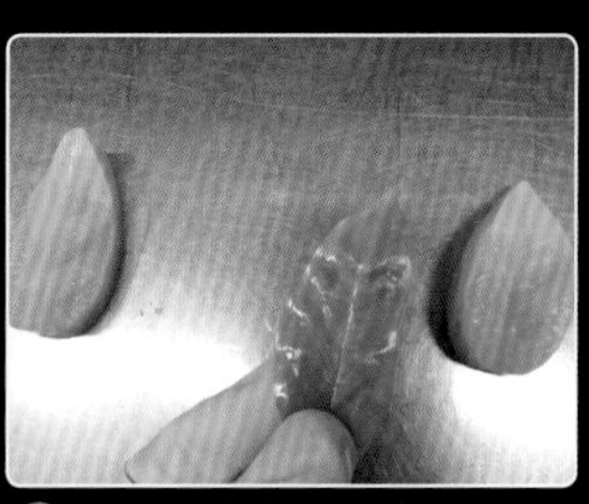

❹ 用矽膠模具壓出葉子，黏於盤上，接黏上幾根糖線裝飾，完成

步驟 Tip *Step by Step*

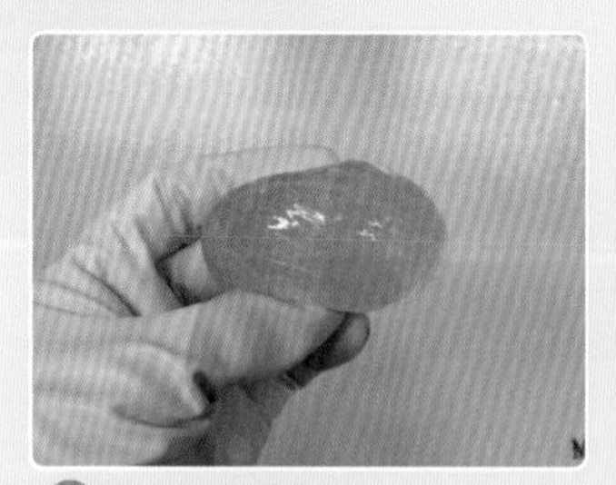

❶ 取透明糖糰

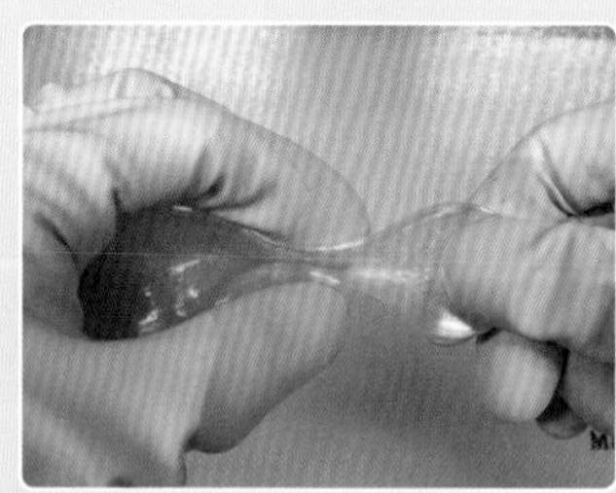

❷ 拉亮後拉出花瓣葉

❸ 組合黏起

❹ 花蕊心取一根糖棒，沾上染有黃色色素的特砂，接上2根綠蔥葉片，完成

步驟 Tip Step by step

❶ 螺絲帽矽膠模具用橡皮筋固定，倒入糖漿

❷ 待冷卻出模拔出螺絲

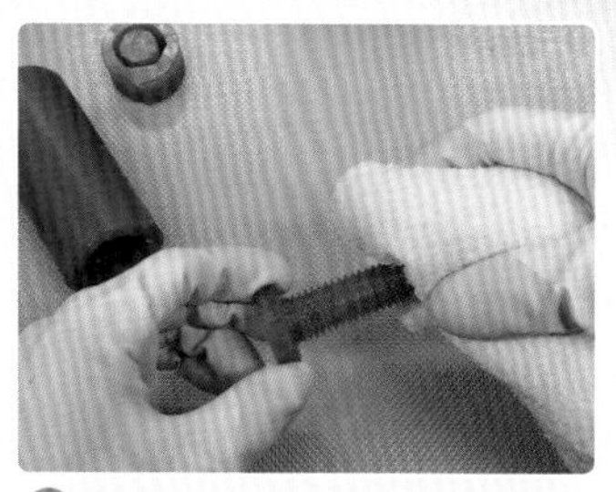
❸ 用濕抹布擦去螺絲紋路的殘糖

❹ 栓上螺絲帽

❺ 各式螺絲，完成

螺絲

拉糖工藝

拉糖起源於中國，發展於歐洲國家，在歐洲多是抽象風格的拉糖工藝，而中國偏向寫實派拉糖工藝。在歐洲人的眼裡，抽象的藝術品比具象的更具藝術性。

在中國，幾千年的傳統文化已經在人們的心裡根深蒂固，對於抽象的拉糖創作很吃力，拉糖作品多模仿國外，但是寫實派拉糖就完全相反，無論是造型，還是創作發想都顯得游刃有餘。所以拉糖在西式餐廳或咖啡廳，它一定要用抽象的拉糖好，但如果在中餐廳，它的裝修比較中式化，當然還是寫實的拉糖作品好，再者對於拉糖工藝的愛好者來說，學抽象拉糖入門相對簡單些，但創作比較困難。因為抽象拉糖，主要用倒支架條、倒球模、拉彩帶，簡單的花卉和卡通動物等組成一幅作品，用到的模具工具較多，製作流程簡單，沒有細節刻畫，學起來快些。

但我們從小接受中國傳統文化，總是要添加中國的元素，不過若是像原先的食品雕刻一樣，龍一定要在雲裡或水裡，鳥要在樹上或石頭上，馬一定要在山上，這樣的造型不要說顧客，恐怕自己都覺得沒有新意。所以建議學習者，作品的造型可以借鑒一些西式手法，使拉糖工藝更新穎、寓意更深遠。

步驟 Tip *Step by step*

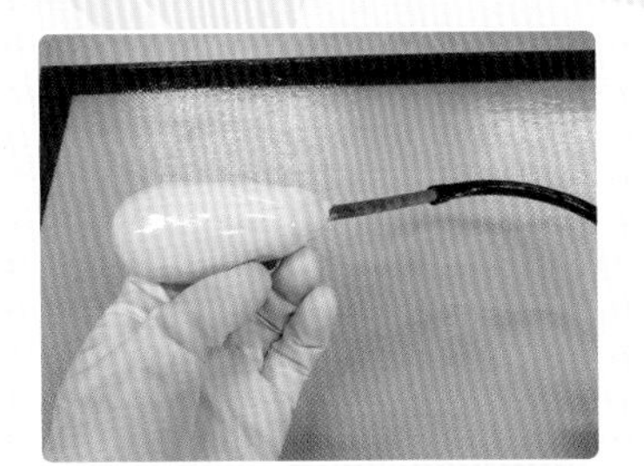

❶ 取白色糖糰接上吹糖氣囊

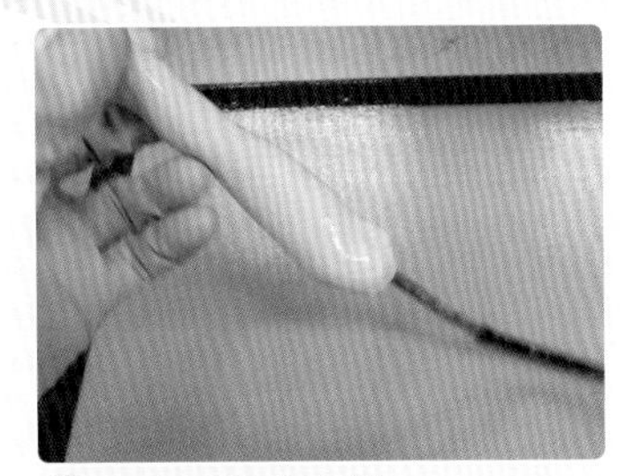

❷ 吹出長條空心糖

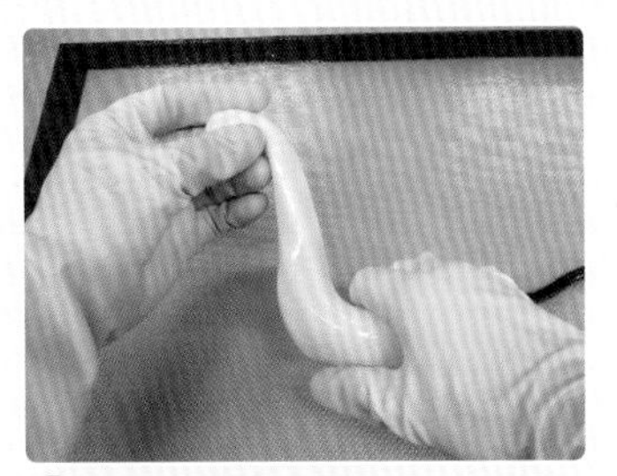

❸ 將空心糖前端拉出天鵝的脖子

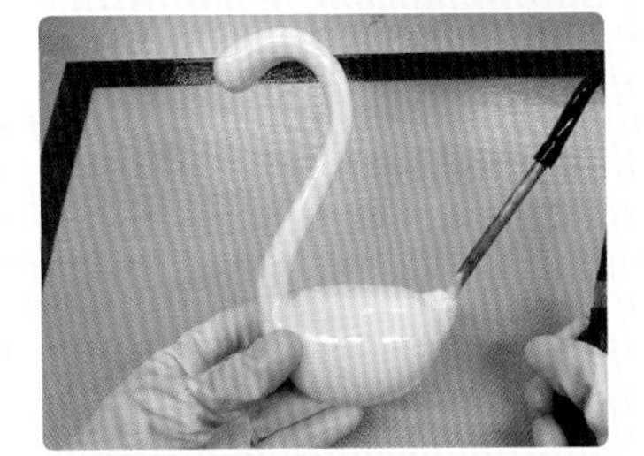

❹ 再將天鵝的身體吹出

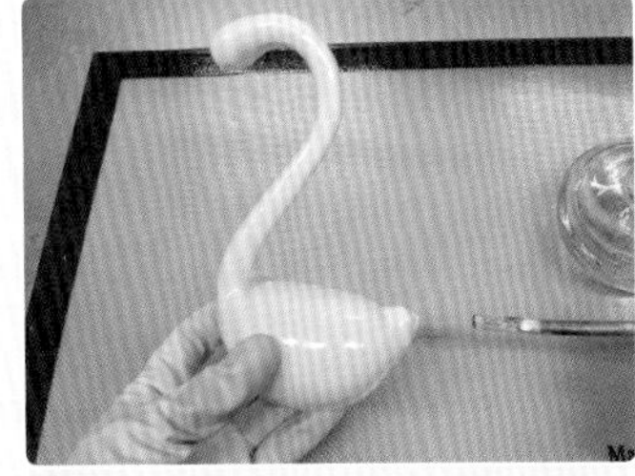

❺ 燒熱銅管，取下天鵝身體

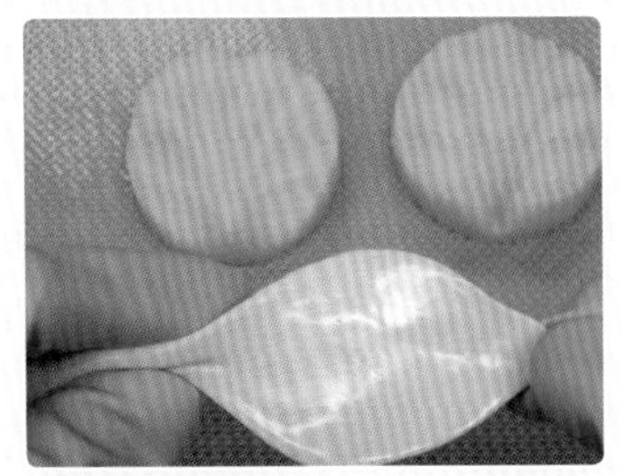

❻ 拉出白色葉片

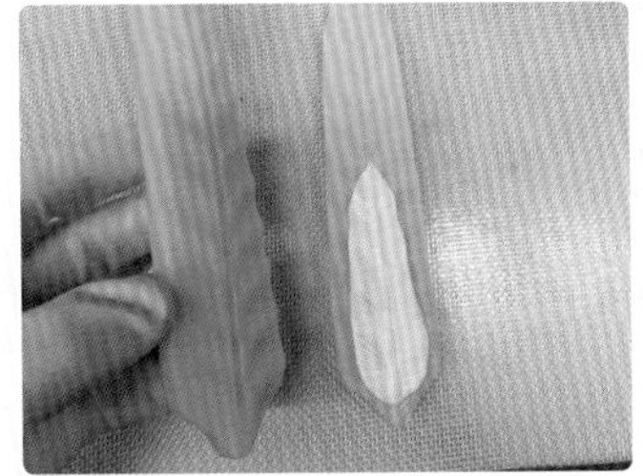

❼ 放於矽膠羽毛模具

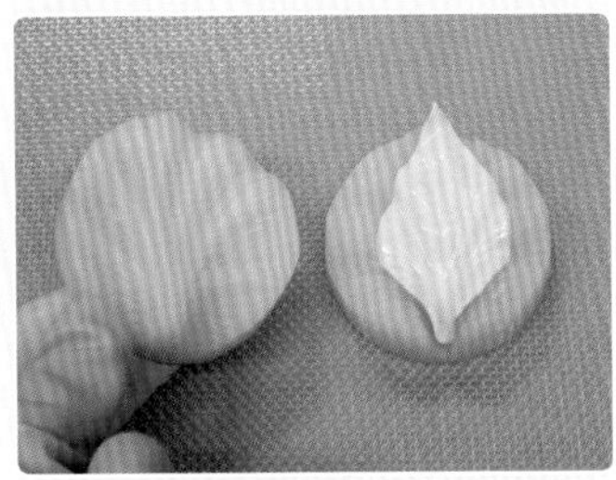

❽ 壓出天鵝羽毛

❾ 壓出長羽毛接於天鵝尾

❿ 黏上天鵝嘴巴

⓫ 將羽毛黏於天鵝上

⓬ 完成的天鵝

⓭ 作緞帶黏於天鵝脖子，完成

荷花

步驟 Tip Step by Step

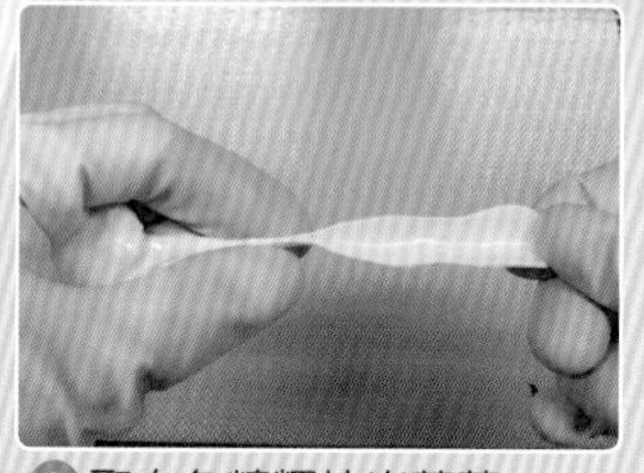
❶ 取白色糖糰拉出荷葉

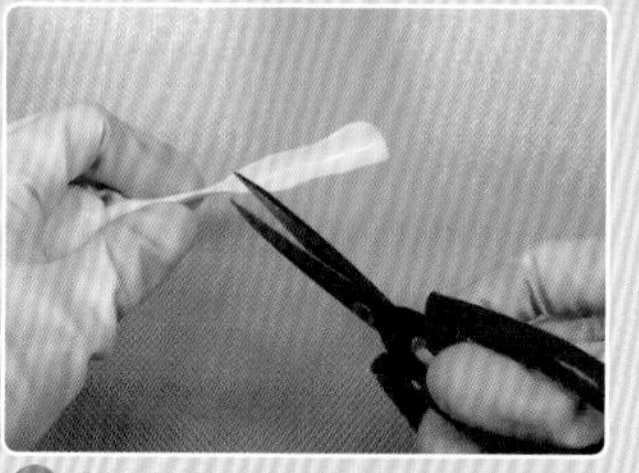
❷ 拉出的荷葉尖用剪刀剪下，稍作拉彎

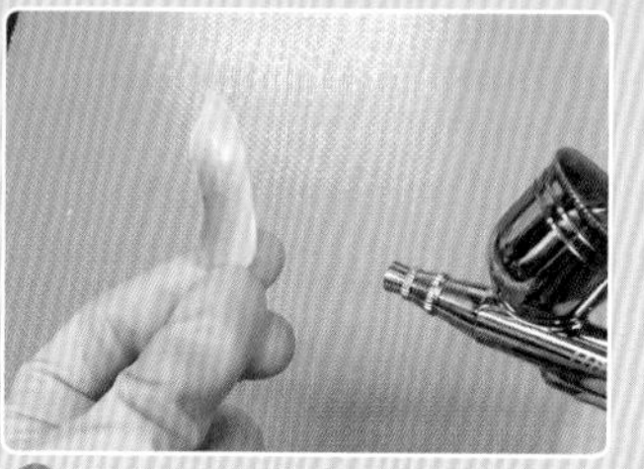
❸ 用上色機噴上顏色

❹ 一片一片接黏組合成荷花

❺ 拉出數根糖絲作荷花花蕊

❻ 組合成的荷花

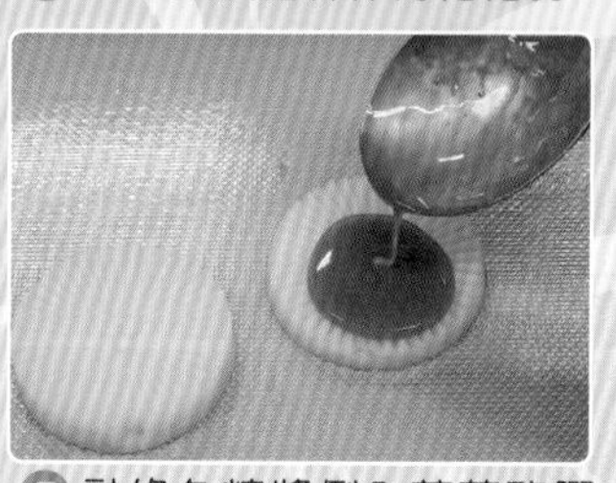
❼ 融綠色糖漿倒入荷葉矽膠模

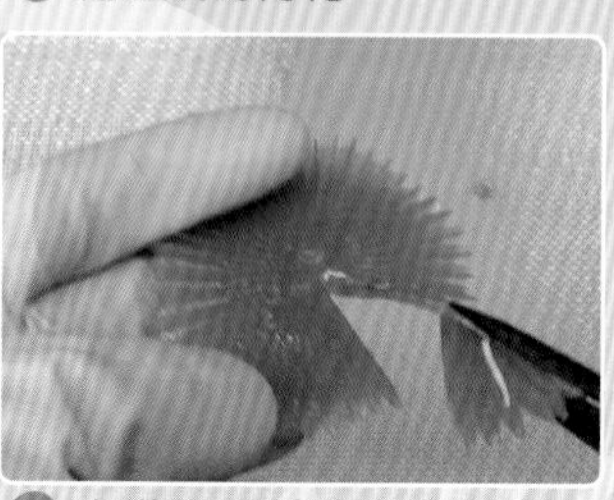
❽ 出模後用剪刀剪下荷葉一小角

❾ 荷葉葉邊稍加捲曲組合於荷花邊，完成

Step by Step

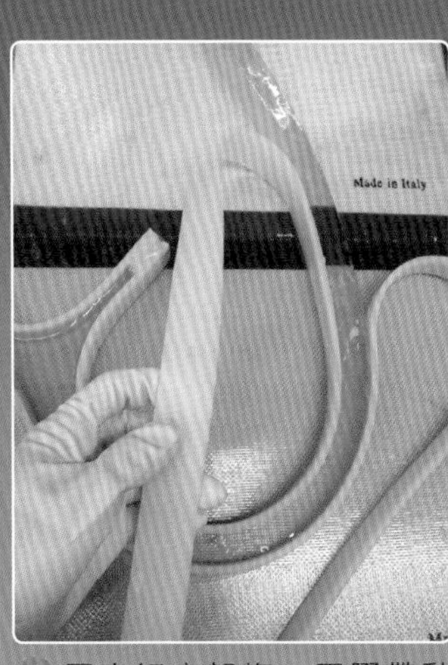

1 固定好支架條，用膠帶黏好，製作糖支架

2 取粗麻繩矽膠模具，作出糖底座

3 糖支架黏緊於麻繩底座

4 吹出數顆空心葡萄組合黏好，作出緞帶玫瑰組合，完成

金幣葡萄

魚戲蓮葉間

荷花製作 Step by step

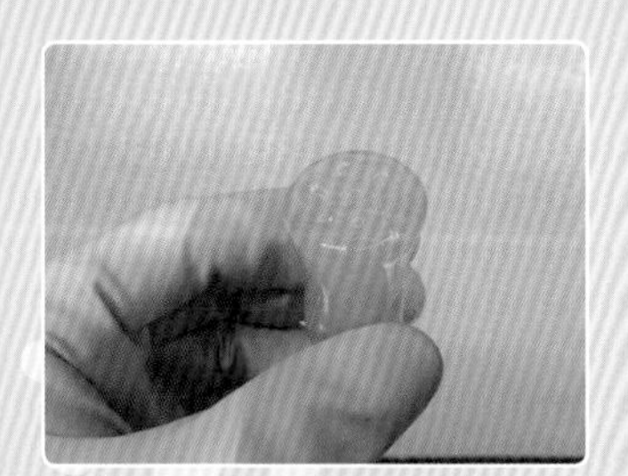

❶ 取黃色糖作荷花花蕊

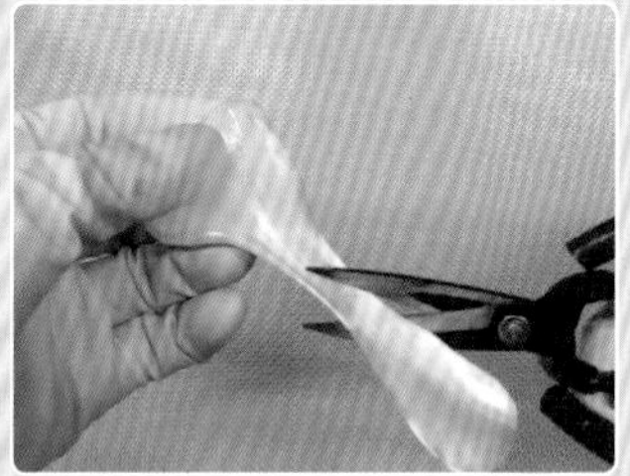

❷ 透明糖拉至光亮，並拉出荷花瓣

❸ 光亮的荷葉

❹ 用上色機為荷花瓣上色，一片片的黏貼、組合成荷花

❺ 組合黏好的荷花，花蕊點上些許色糖

金魚製作 Step by step

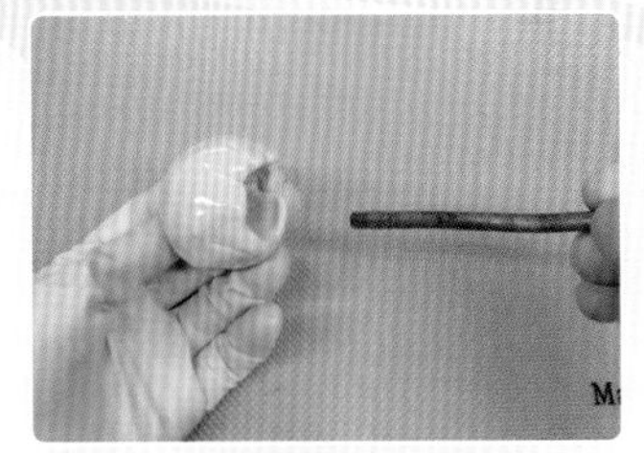

① 取白色糖糰黏上銅管

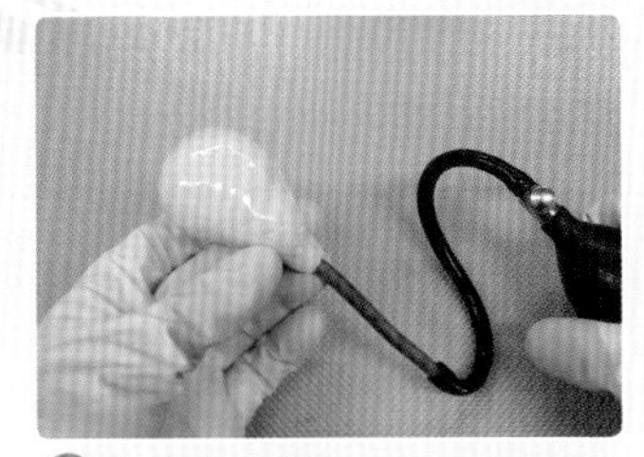

② 吹出空心糖

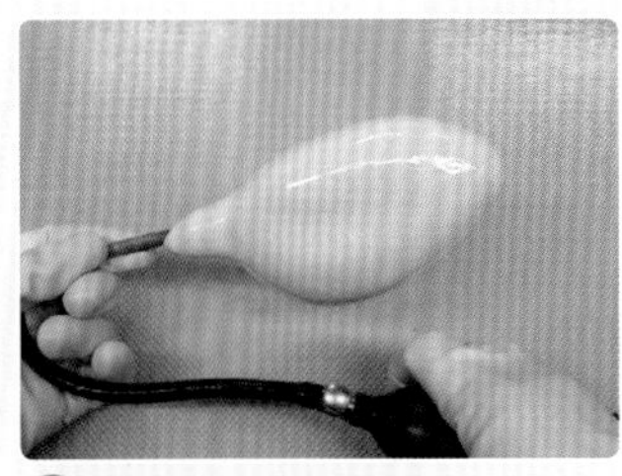

③ 並稍壓成魚身體型

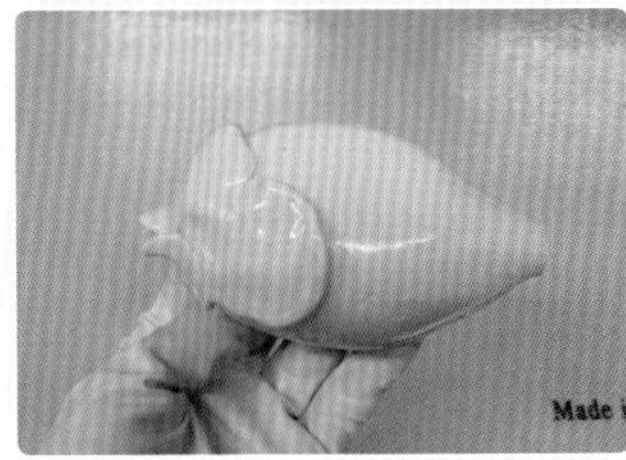

④ 接黏上金魚頭部

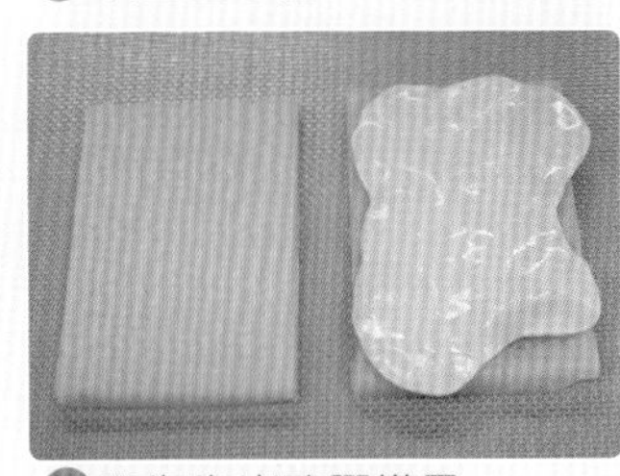

⑤ 取汽泡岩矽膠模具

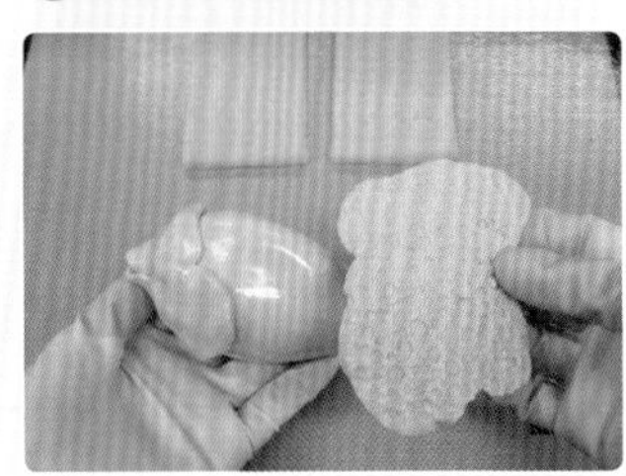

⑥ 壓出金魚的鱗身，並黏上魚的身體

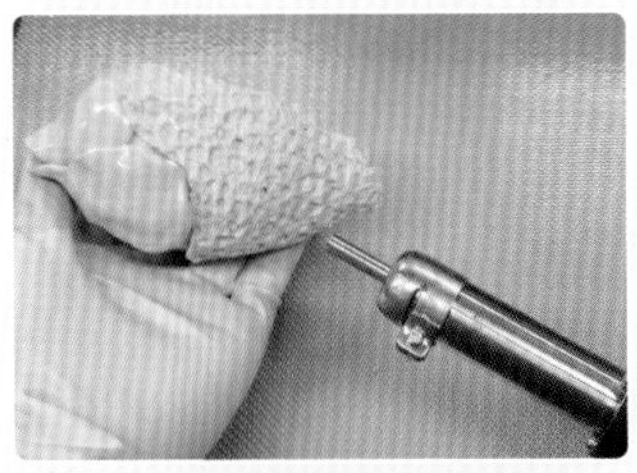

⑦ 使用熱風槍修飾金魚接縫處及表面

⑧ 取波浪矽膠模具，壓出透明魚尾

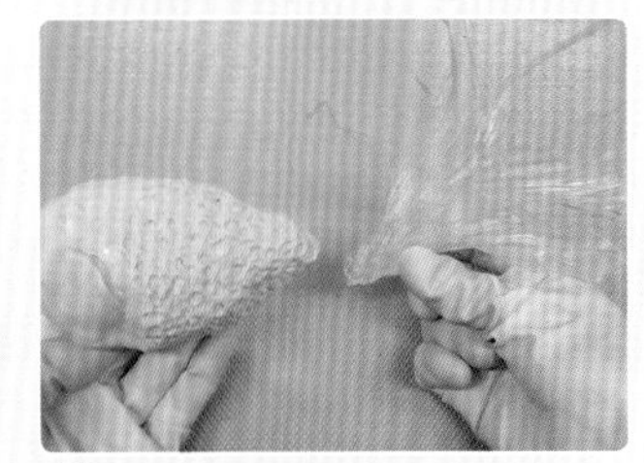

⑨ 接黏上金魚尾

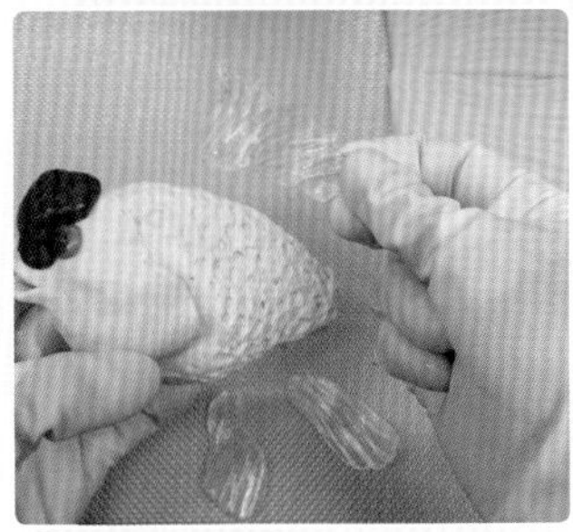

⑩ 接黏上魚鰭

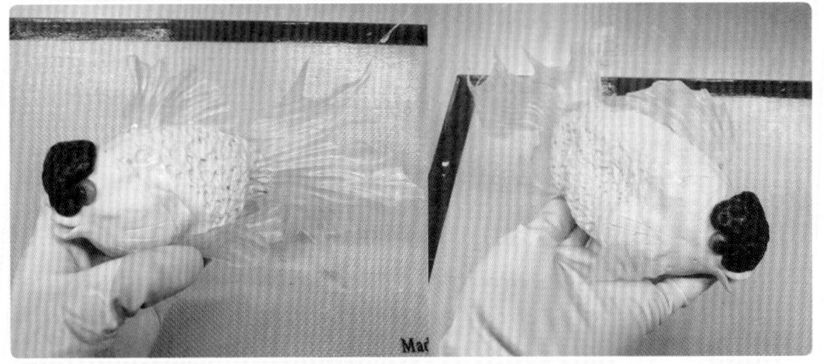

⑪ 完成的金魚

⑫ 用上色機給金魚上色，配上荷花、荷葉，完成

熱帶魚

步驟 Tip *Step by step*

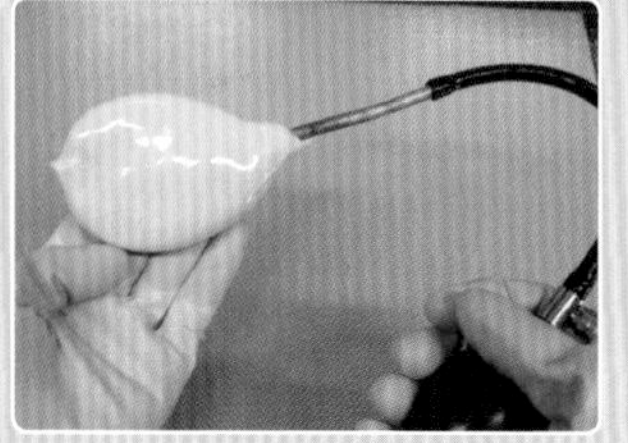
❶ 取白色糖，吹出魚身

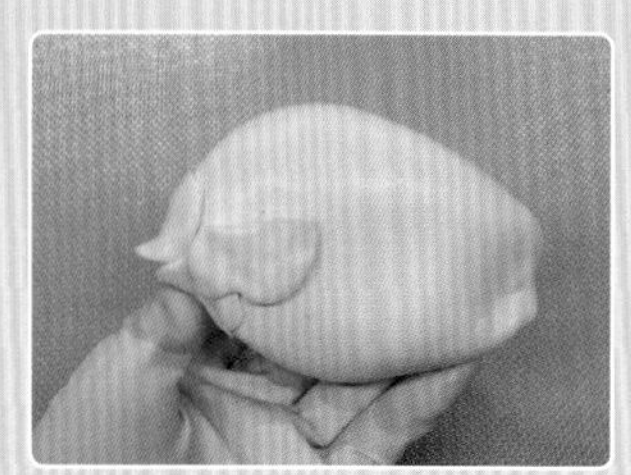
❷ 取下銅管黏上魚嘴

❸ 融白色糖，倒入泡泡岩矽膠模具

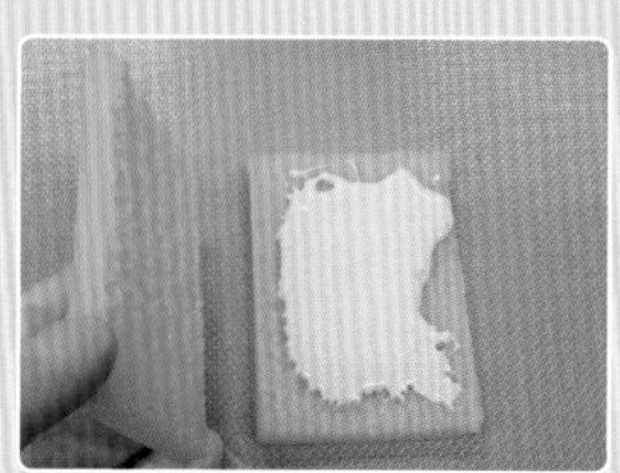
❹ 用力按壓矽膠模具

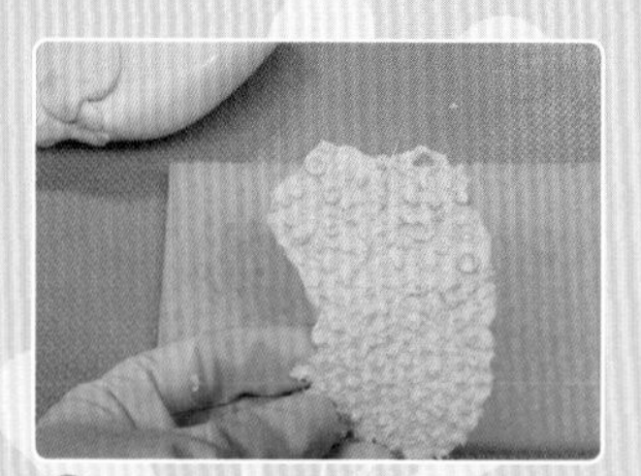
❺ 魚鱗片出模

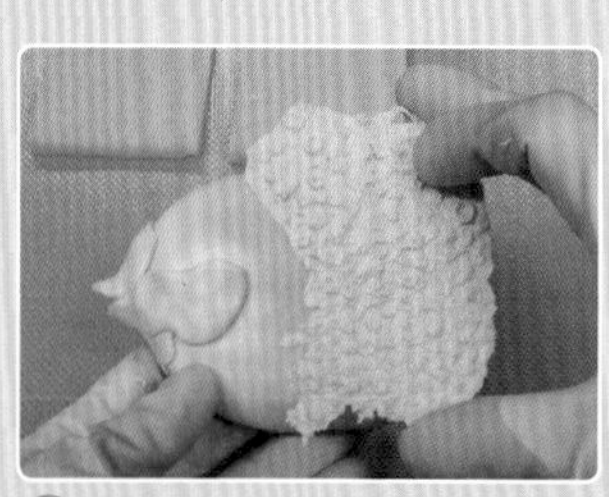
❻ 將魚鱗片黏於熱帶魚身上

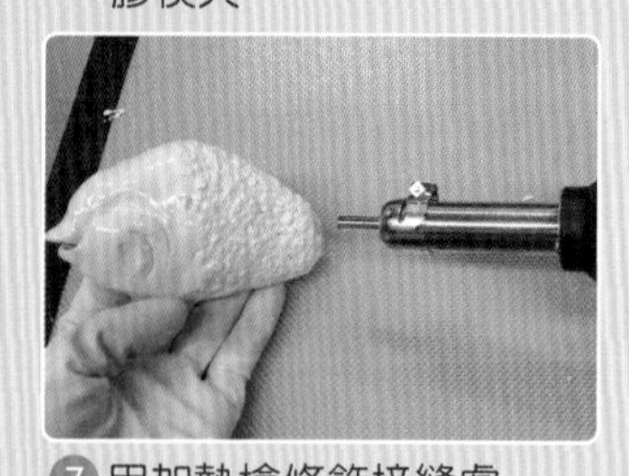
❼ 用加熱槍修飾接縫處

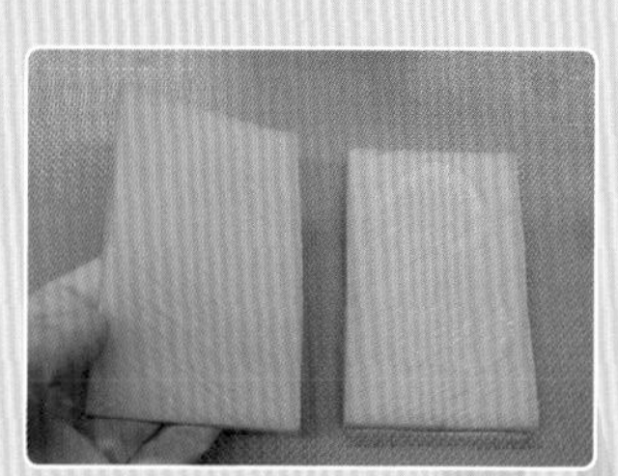
❽ 取木紋矽膠模具作出魚鰭、魚尾

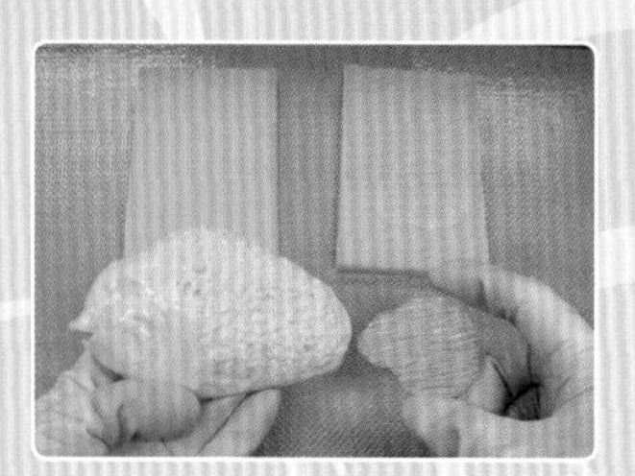
❾ 出模後接上魚尾

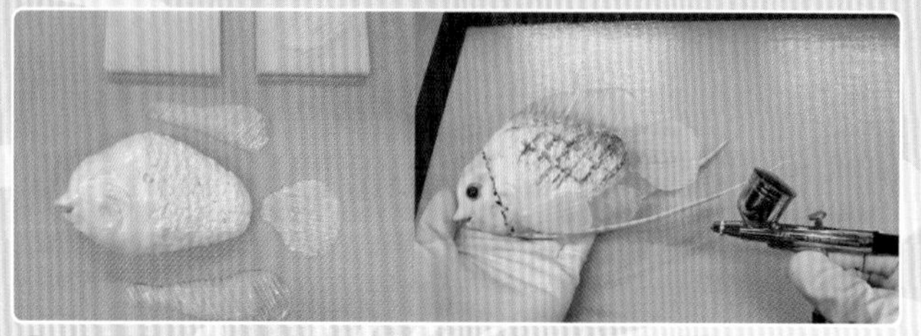
❿ 魚鰭魚尾組合黏起，用上色機噴上顏色

⓫ 吹出透明汽泡糖組合海草熱帶魚，完成

Step by step

① 取透明糖糰

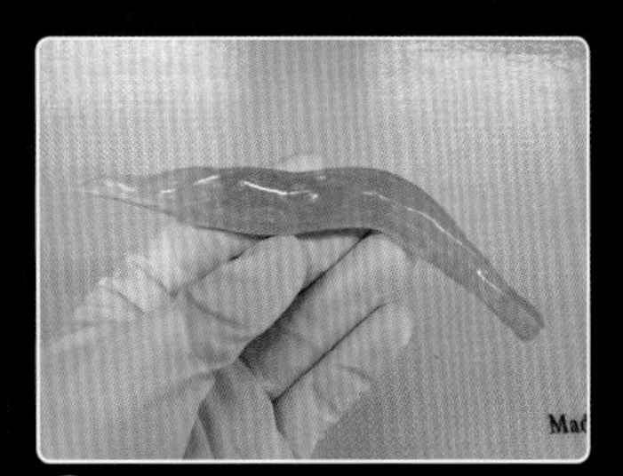
② 捏出蝦身體

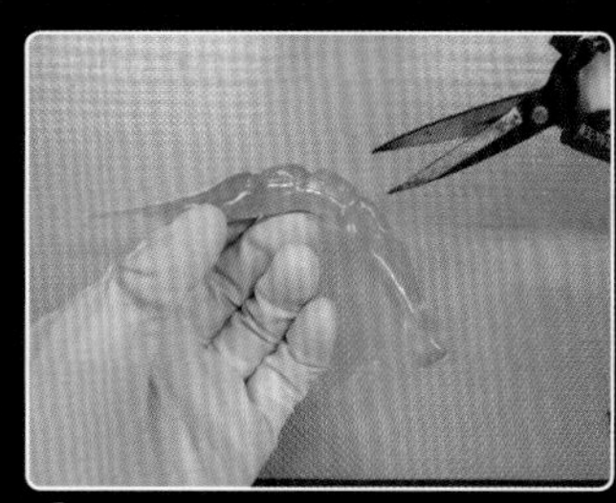
③ 用剪刀稍剪壓山蝦殼節

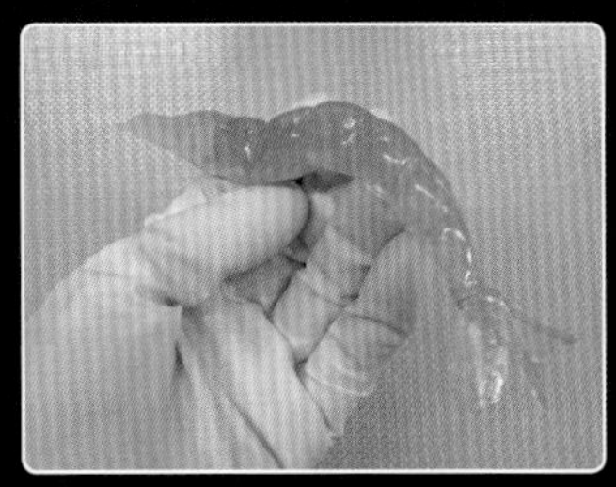
④ 蝦的身體

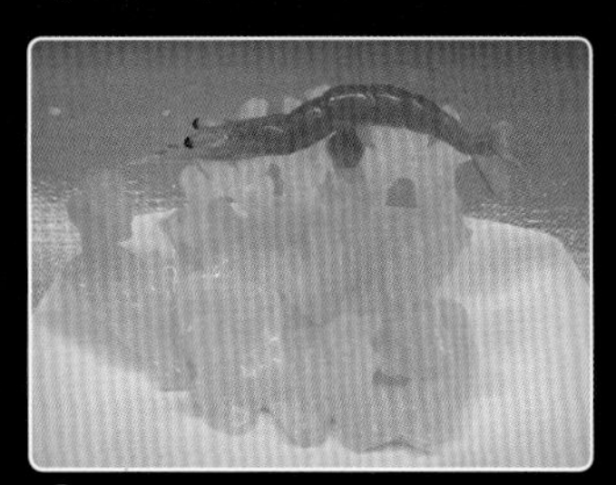
⑤ 將蝦黏於珊瑚糖上

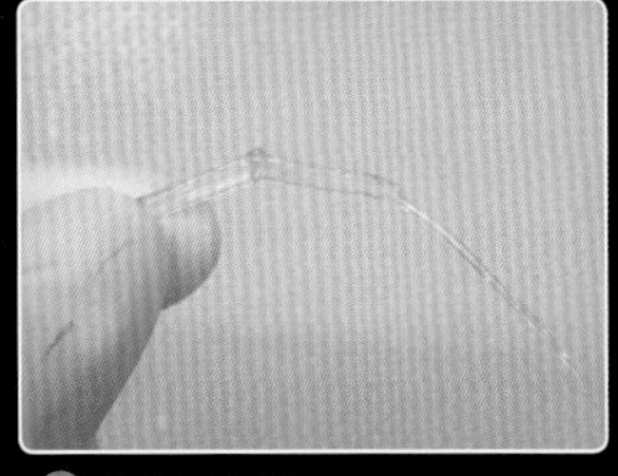
⑥ 拉出細蝦腳

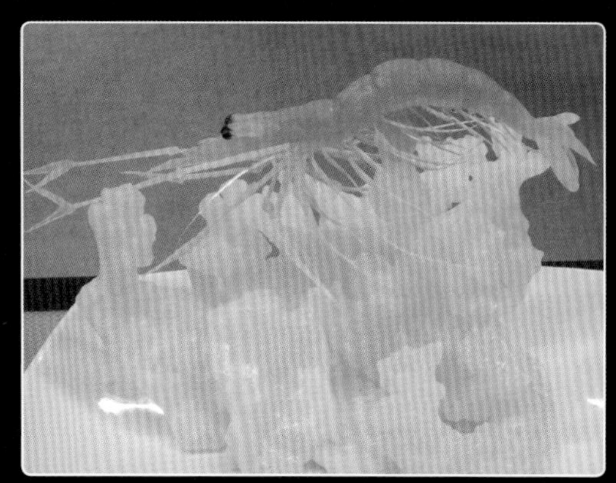
⑦ 使用彎頭夾，夾起細蝦腳
接黏，完成

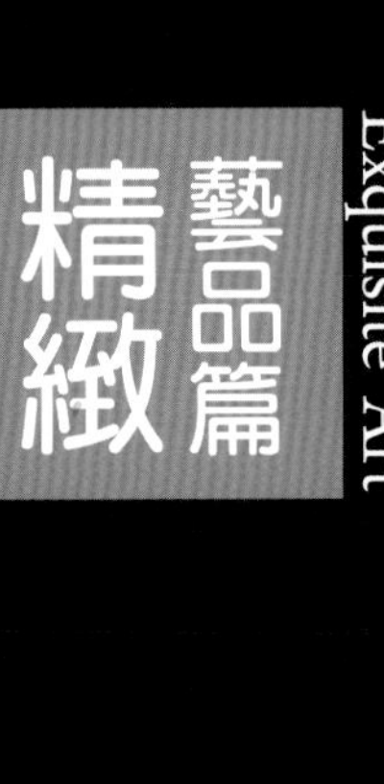

蝸牛蘋果

步驟 Tip *Step by step*

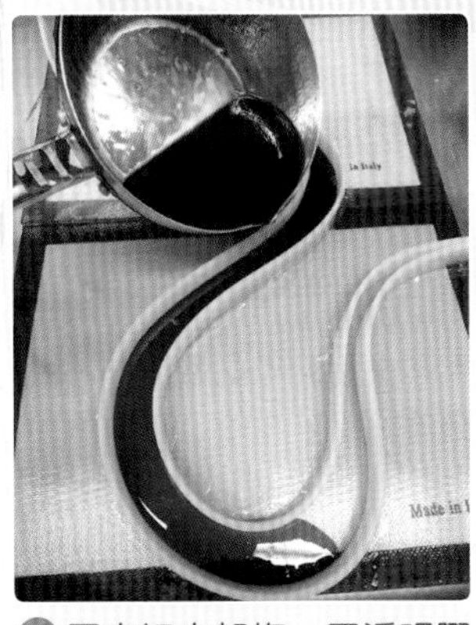

❶ 固定好支架條，用透明膠帶黏好支架條外圍，倒入糖漿

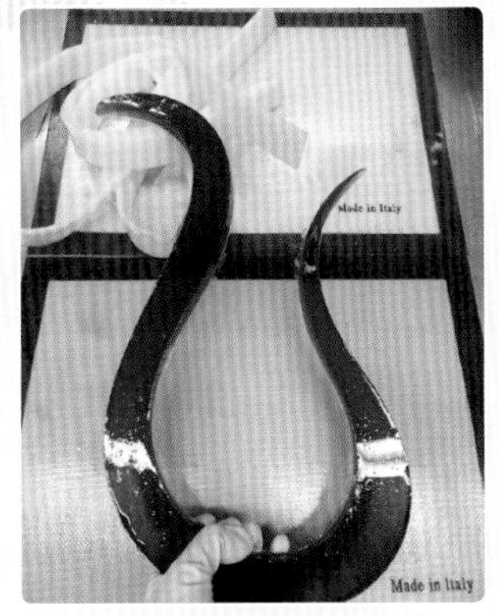

❷ 出模的糖支架

❸ 吹拉出蝸牛殼

❹ 捲曲空心蝸牛殼

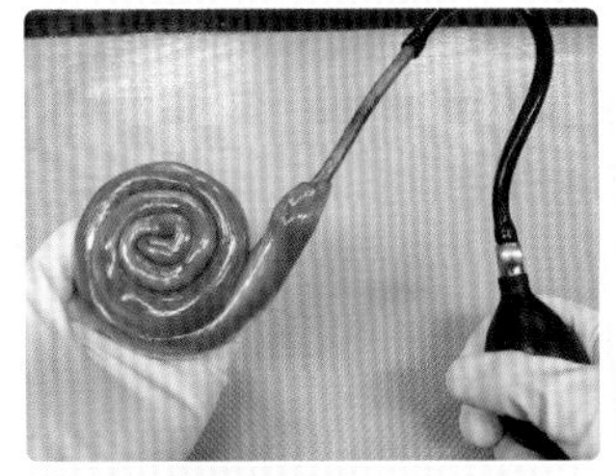

❺ 完成的蝸牛殼

❻ 燒熱刀片雕下蝸牛殼

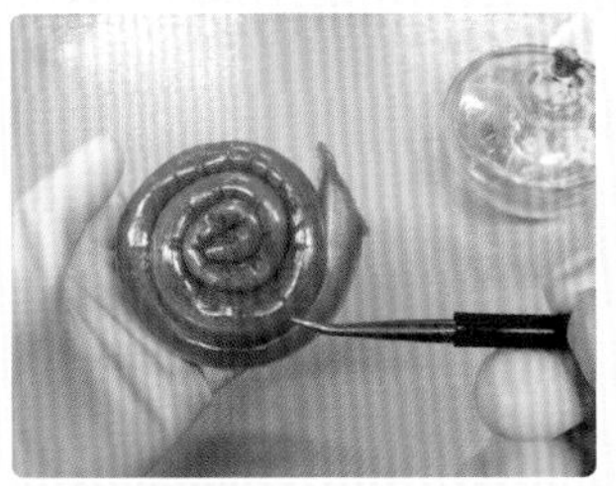

❼ 用拉糖雕刻刀畫出蝸牛殼紋

❽ 作好成品的蝸牛殼

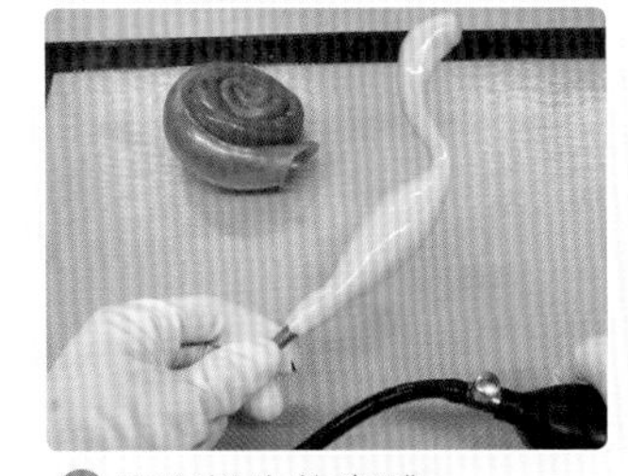

❾ 吹出蝸牛的身體

❿ 黏好的蝸牛

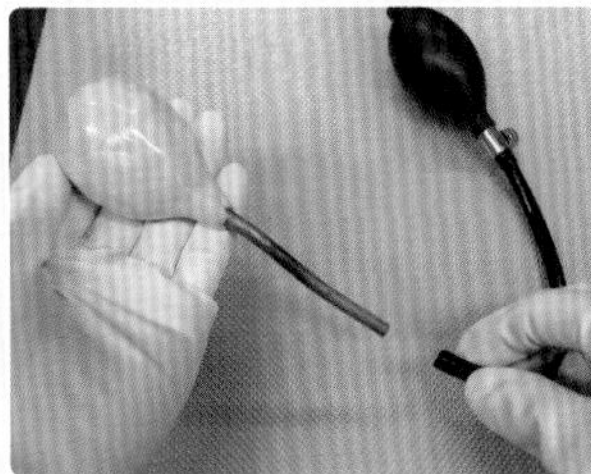

⓫ 取白色糖糰接上吹糖氣囊

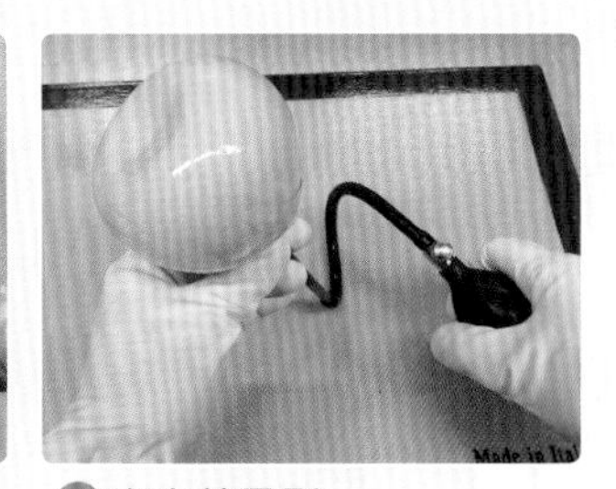

⓬ 吹出蘋果型

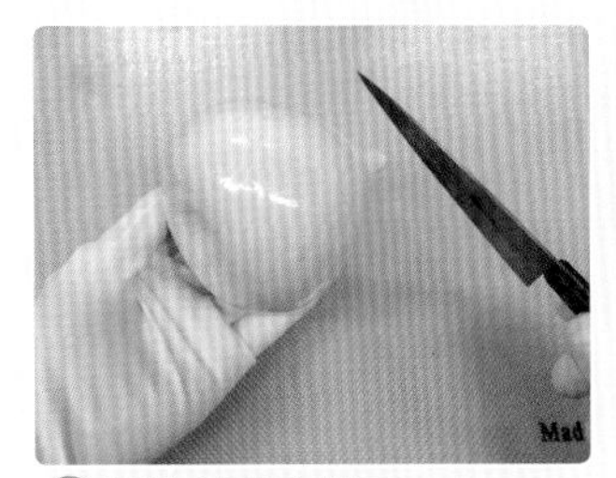

⓭ 切除蘋果吹糖口

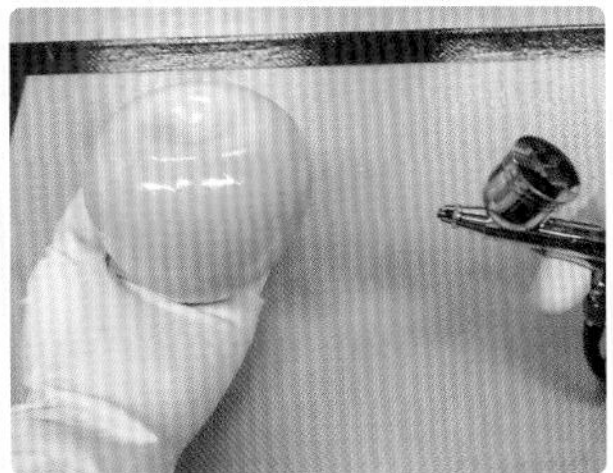

⓮ 用上色機上色

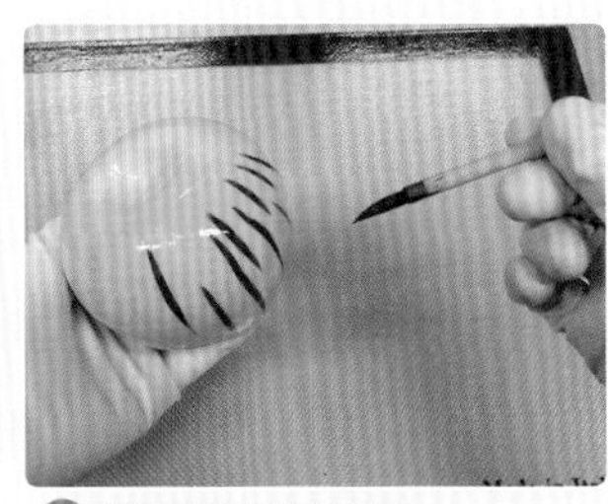

⓯ 蘋果畫出數條線

⓰ 再用上色機上色

⓱ 完成的蘋果

⓲ 將蝸牛上色

⓳ 作出繡球花，組合黏上糖支架，完成

飛躍海豚

Step by step

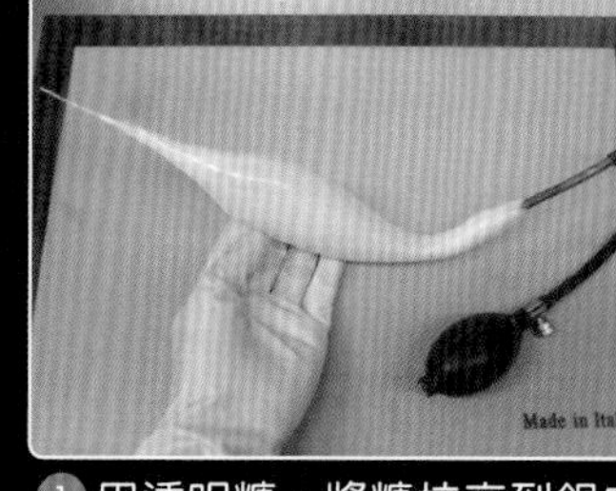

❶ 用透明糖，將糖拉亮到銀白色，吹出橢圓形，並拉出長尖的嘴巴

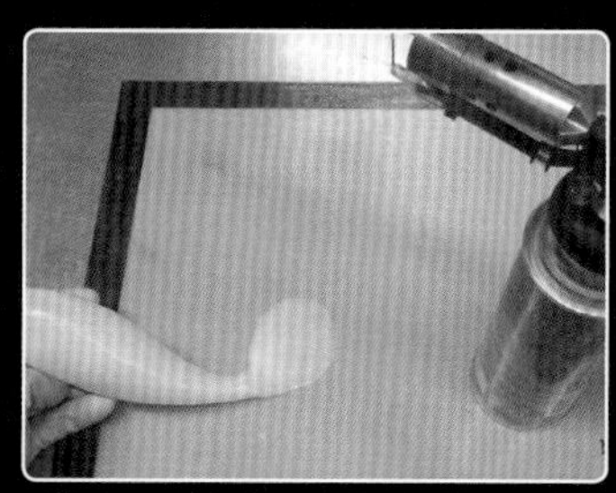

❷ 用瓦斯槍燒熱銅管口的糖，糖稍軟後，壓扁尾巴的糖

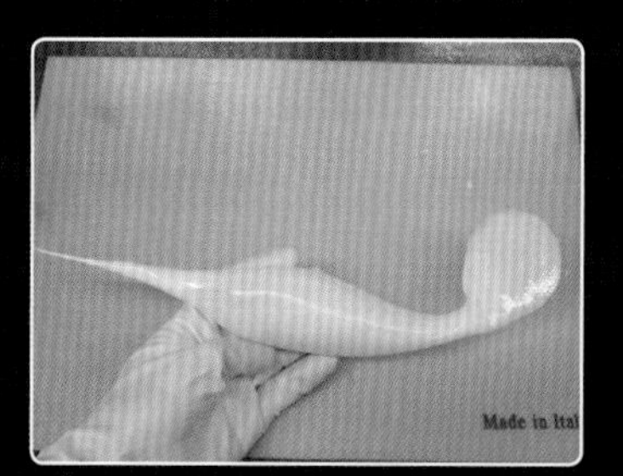

❸ 成海豚型的吹糖

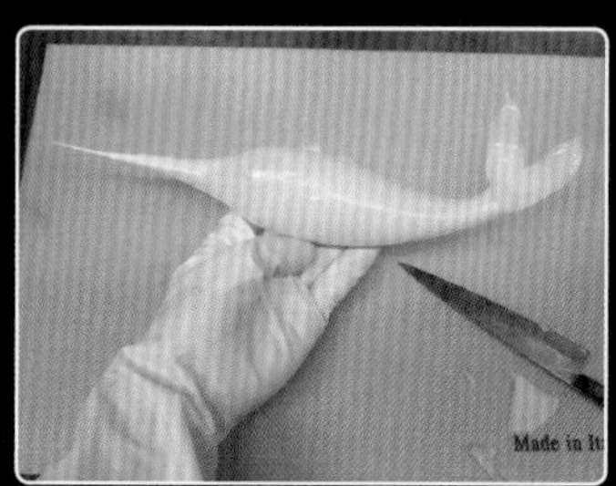

❹ 燒熱刀片切出海豚尾巴，接上魚鰭、眼睛成海豚

❼ 完成百合花束

步驟 Tip

Step by step

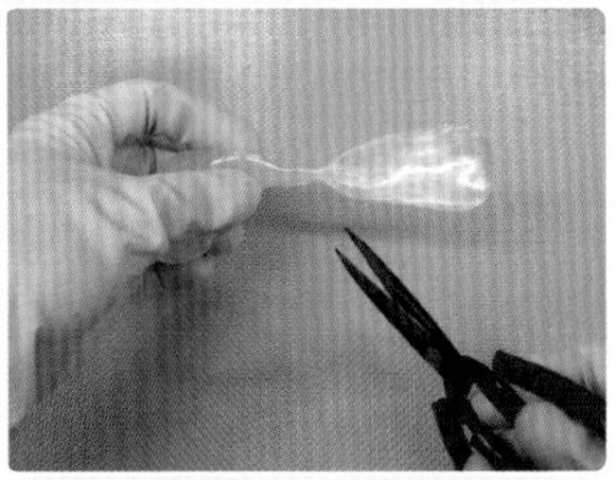

❶ 取透明糖，將糖拉亮

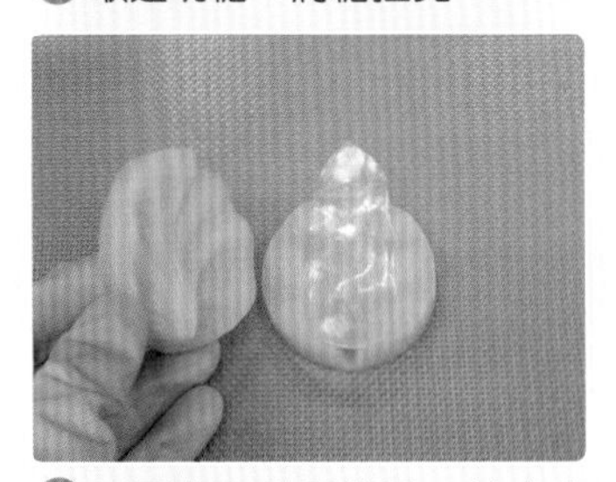

❷ 用圓葉形矽膠模具，拉出尖樹葉形放上

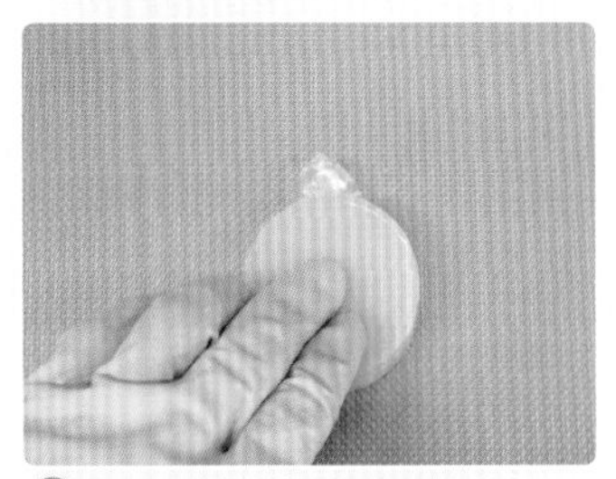

❸ 用力壓出葉形的紋路

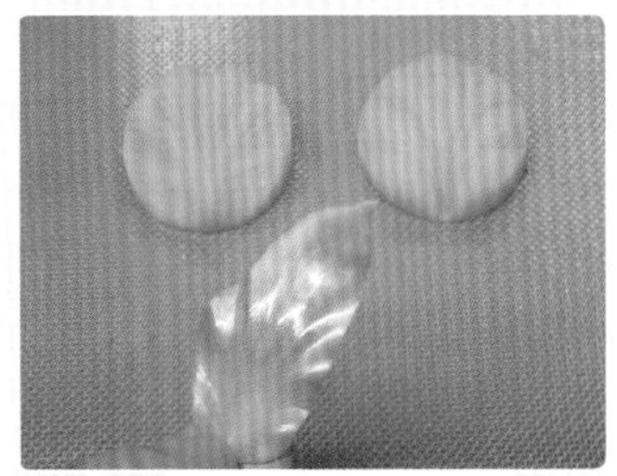

❹ 稍將百合葉彎曲

❺ 將花瓣組合黏起

❻ 做花蕊黏上，用上色機噴上紅色色素，在用毛筆點上咖啡色素於花瓣內

雍容華貴

金玉滿堂

工具材料 Tools & Materials

拉糖恆溫燈
使糖體軟化，保持糖體適當溫度

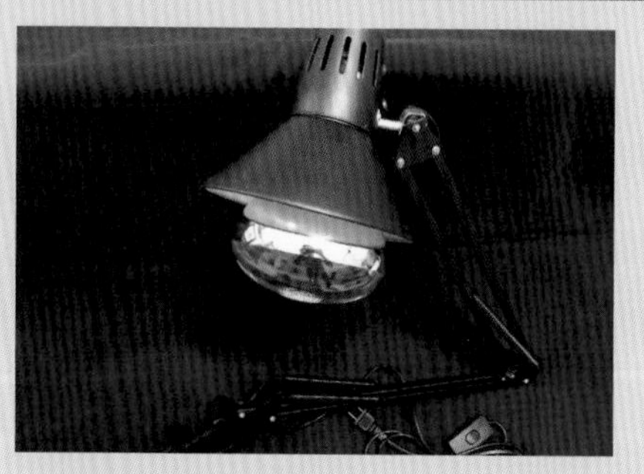

安裝式拉糖燈架
使糖體軟化，燈罩方向方便調整

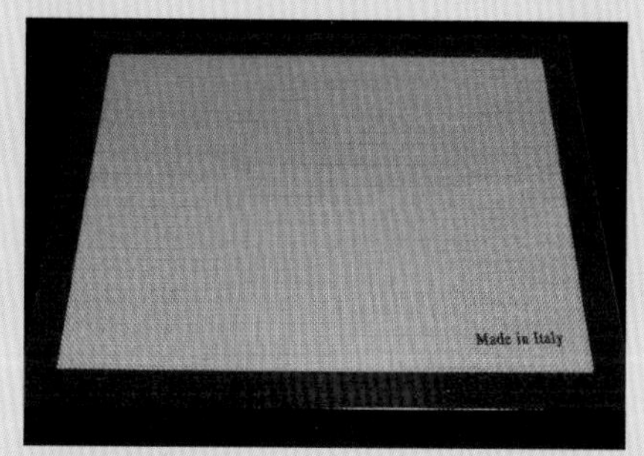

矽膠不沾布
鋪於工作台上，放置糖體

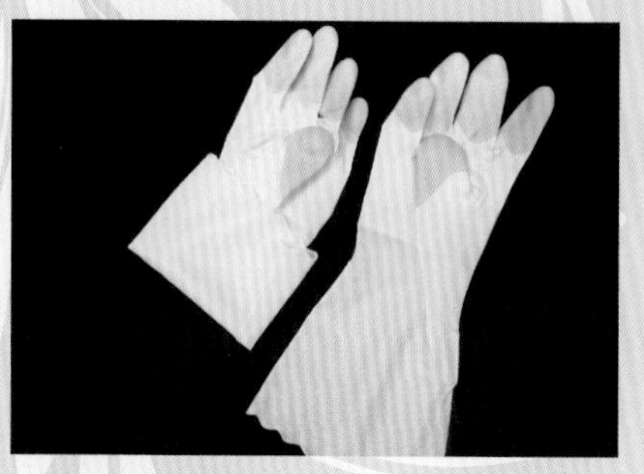

乳膠拉糖手套
不沾黏、耐溫，貼手加厚拉糖，手套耐用

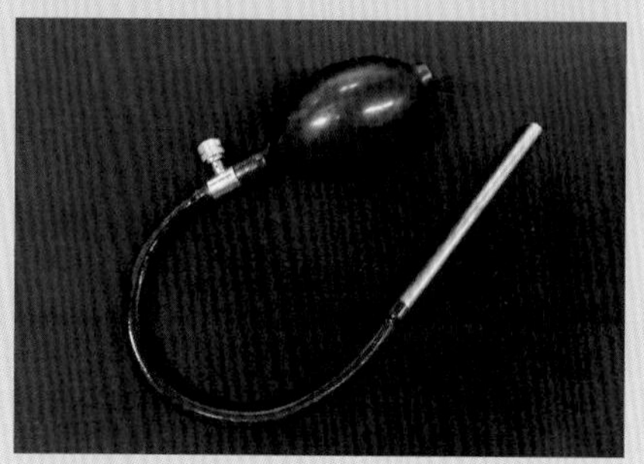

氣囊吹糖工具
吹出空心的糖體，減輕置於糖架重量及減少壓糖量，如吹番茄、辣椒，以及各式動物身體

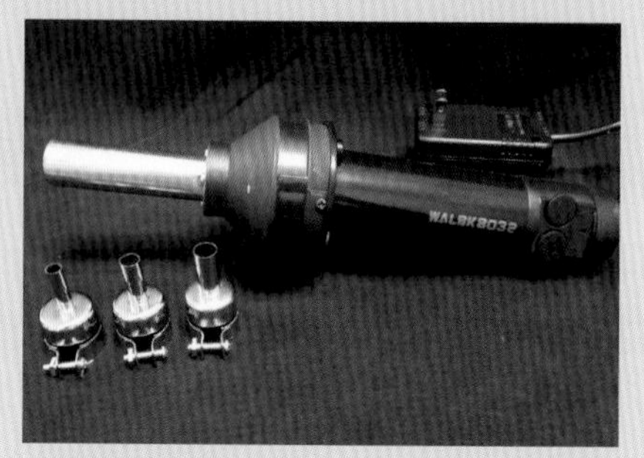

熱風焊槍
糖體的修飾、接黏，使糖體表面光滑無痕

矽膠碗
糖糰快速微波加熱軟化，不沾黏

支架條
製作各式立體作品拉糖支架

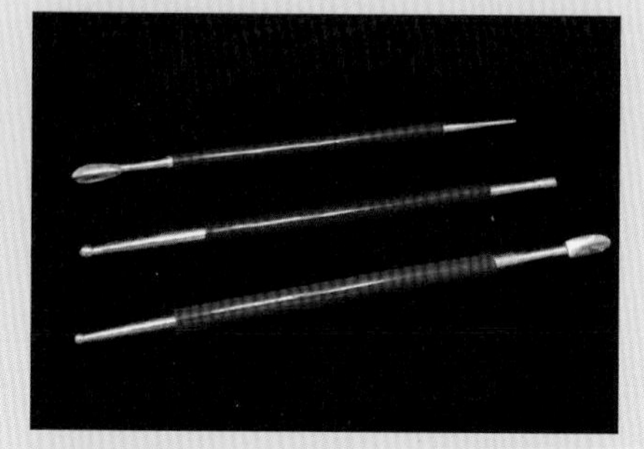

雕刻刀
拉糖作品細節修飾，如壓眼窩、壓線條、挑嘴型、除疤痕

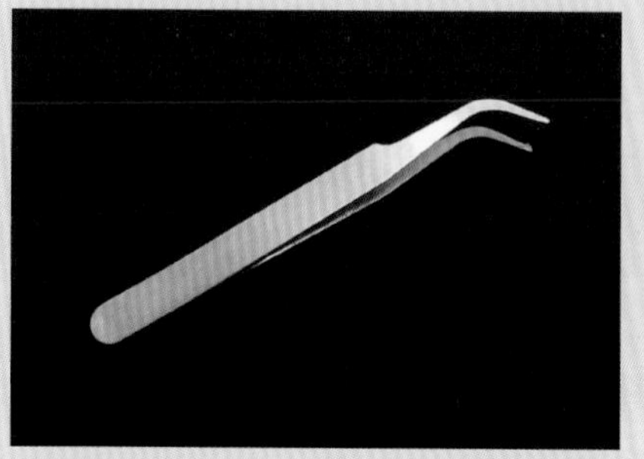

彎頭夾
夾起細小糖體，接黏作品，如花蕊、蝦腳等等

酒精燈
融糖接黏，燒吹糖銅管等等

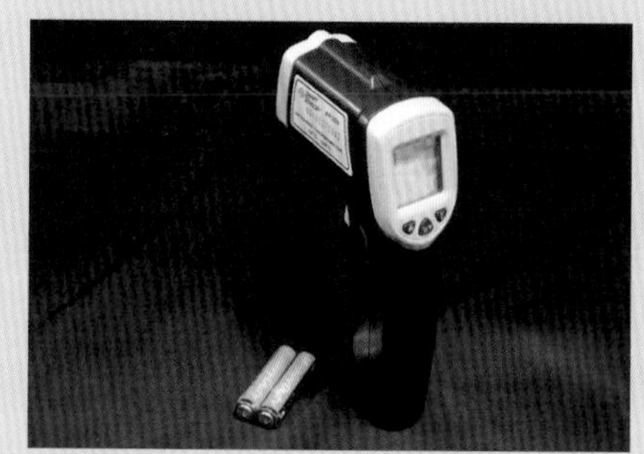

溫度計
食品遠紅外線溫度計槍，測糖漿溫度

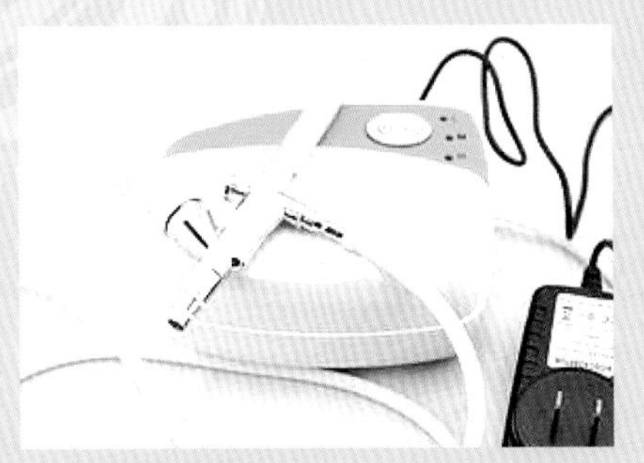

上色泵噴色機
給拉糖作品用上色筆噴上各種顏色

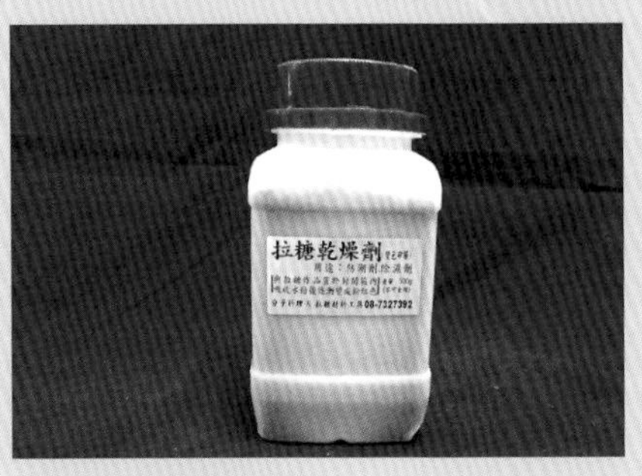

糖品乾燥劑
變色矽膠除濕劑，吸濕後會變成粉紅色矽膠粒

德國進口糖醇 ISOMALT

拉糖防潮保護噴劑
噴於拉糖作品上，隔離與空氣接觸，與作品光亮噴劑

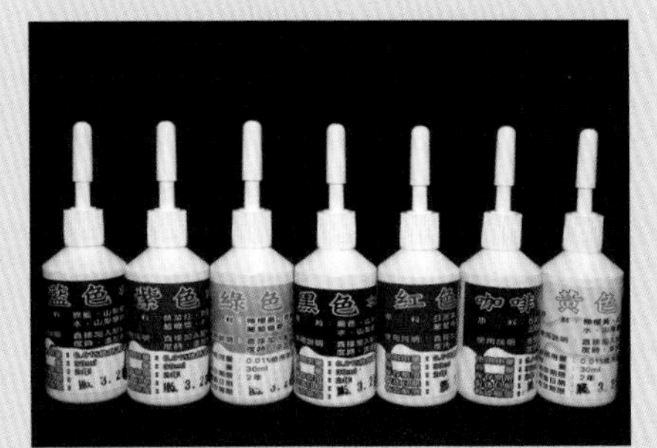

水油兩用色素
融糖138℃時，添加調色，亦可添加於糖糰包住、拉伸上色

電動拉絲槍
快速製作糖絲圈用，附3個圓模

分子料理拉糖材料工具

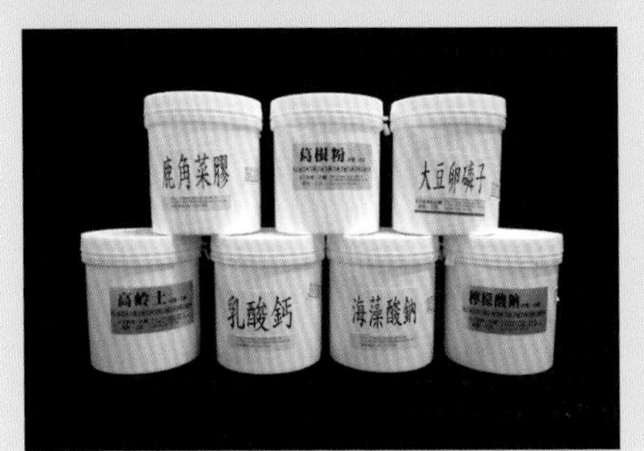

分子料理食品原料罐

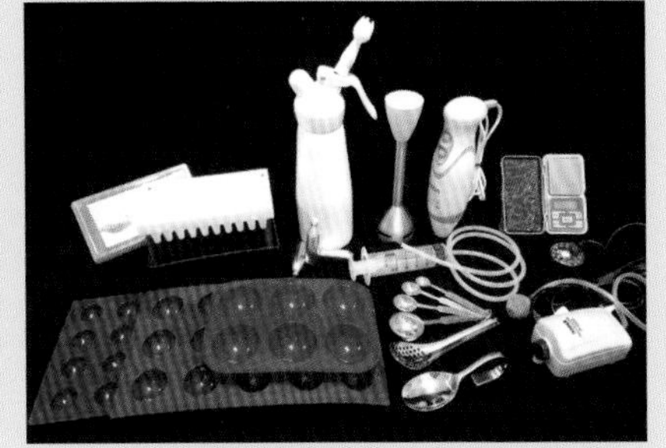

分子料理工具

分子料理食品原料

分子料理食品原料

煙燻槍

煙燻草

煙燻罩

彩繪果醬轉印布

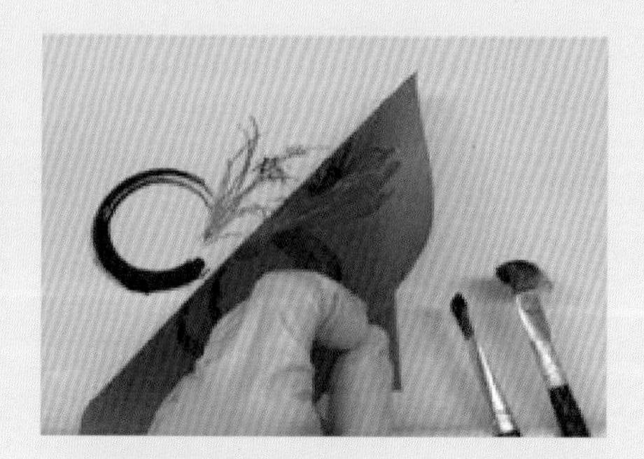

彩繪果醬轉印布

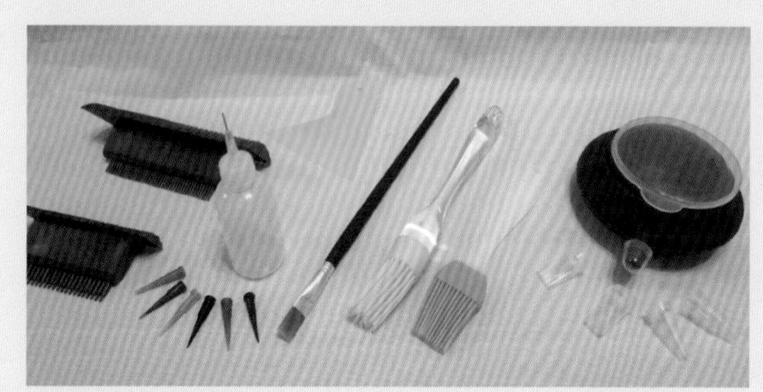

盤飾彩繪工具

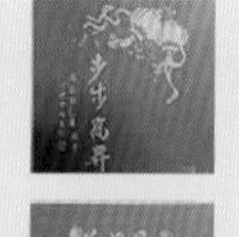

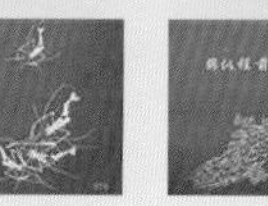

彩繪果醬轉印布

盤飾水果味噴粉模板

盤飾水果味噴粉

盤飾水果味噴粉模板

菜餚造景LED燈

盤飾彩繪果醬

不鏽鋼菜餚模具

不鏽鋼菜餚模具

不鏽鋼菜餚模具

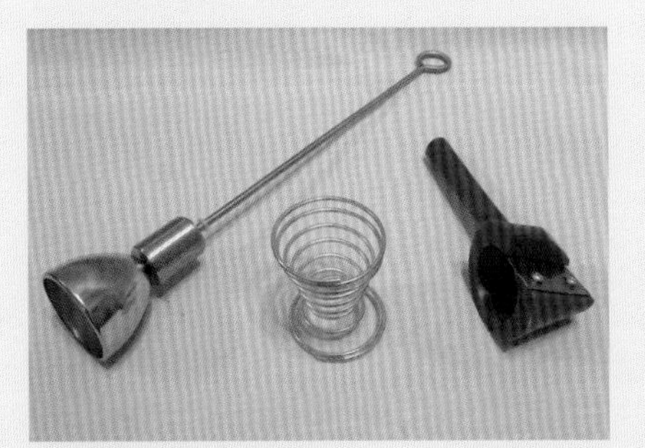
不鏽鋼開蛋器
小黃瓜旋花器

菊花豆腐模具刀

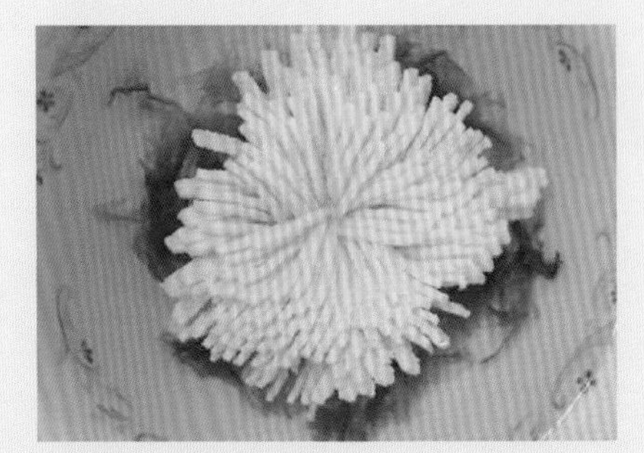
菊花豆腐模具刀

菜餚造景LED燈

不鏽鋼開蛋器

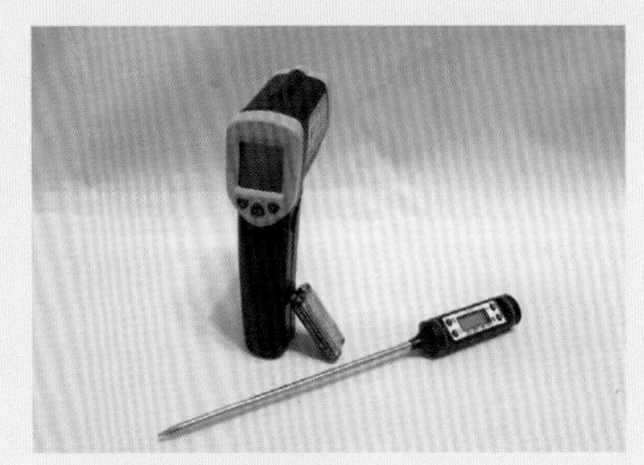
食品溫度計槍

矽膠水晶冰盅

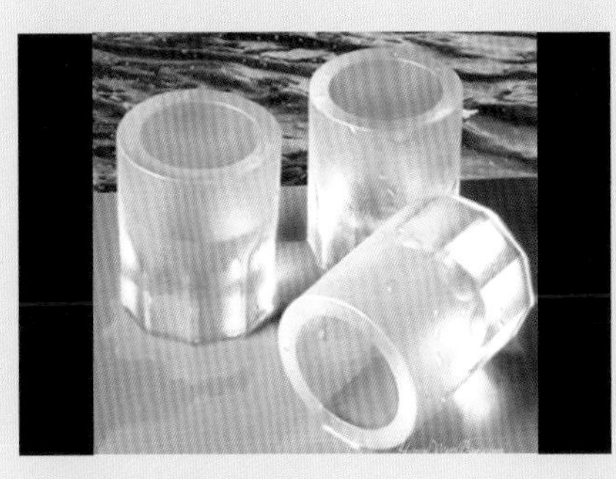
矽膠水晶冰盅

哈樂疊（11）
時尚精品・拉糖盤飾
建議售價：395元

國家圖書館出版品預行編目資料

時尚精品・拉糖盤飾／顏毓賢著. --初版.—臺中市：
白象文化，民103.11
面： 公分 ——（哈樂疊；11）
ISBN 978-986-358-095-9（平裝）
1.烹飪 2.工藝
427.32 103020228

作　　者：顏毓賢
校　　對：徐錦淳、顏毓賢
專案主編：徐錦淳
特約設計：賴紋儀
編 輯 部：徐錦淳、黃麗穎、林榮威、吳適意、林孟侃、陳逸儒
設 計 部：張禮南、何佳諠
經 銷 部：焦正偉、莊博亞、劉承薇、劉育姍、何思頓
業 務 部：張輝潭、黃姿虹、莊淑靜、林金郎
營運中心：李莉吟、曾千熏
發 行 人：張輝潭
出版發行：白象文化事業有限公司

402台中市南區美村路二段392號
出版、購書專線：（04）2265-2939
傳真：（04）2265-1171

印　　刷：基盛印刷工廠
版　　次：2014年（民103）十一月初版一刷

設計編印

白象文化｜印書小舖
網　　址：www.ElephantWhite.com.tw
電　　郵：press.store@msa.hinet.net

分子料理拉糖材料工具
官方網址：www.mcsat.glob.tw
電子信箱：ac142222@yahoo.com.tw
服務電話：08-7327392　0938013098

王糖拉糖藝術工作室
地址：屏東市復興路480號

烹飪藝術是一門視覺、嗅覺、觸覺、味覺的綜合藝術，按照人們對飲食追求的規律塑造出色、香、味、器俱美的食品，而烹飪造型藝術構成主要在材料美、技術美、色彩美、形態美、意趣美因素，並體現在菜餚的盤飾、盛器的選用、冷拼的造型、麵點的造型上。食品雕刻以及現代的拉飾，其特點是環保、衛生、可食用、不浪費食材兼具色澤美觀，使人們在進食的過程中，得到物精神雙層的享受與體驗。

第一本台灣本土拉糖盤飾教學專書！55種拉糖盤飾精品，超過500張照片，step by step教授拉流糖、吹糖等技術，基礎實用、創意變化、精緻藝品三階段全示範，與「食」俱進的餐飲從業人備的入門與進修教材！

ISBN 978-986-358-095-9
9 789863 580959

想出書？找白